KB027762

우리가 잘 몰랐던

사랑의 기술

박혜성의 사랑의 기술

1판　1쇄 인쇄일　2008년 12월 9일
1판 20쇄 발행일　2019년 8월 15일

지은이 _ 박혜성 (www.happysung.org)

발행인 _ 이동현

편집인 _ 김석종

기획위원 _ 오광수 김영남

교열 _ 임상학

디자인 _ 디자인컨설팅연구소

인쇄 _ OK P&C (031-8071-5545)

발행처 | 경향신문사 출판팀

●**주소** | 서울 중구 정동 22번지 (대표전화 : 02-3701-1114)

●**등록일** | 1961년 11월 20일 (등록번호 제2-79호)

값 10,000원

ISBN 978-89-85983-90-7

우리가 잘 몰랐던

사랑의 기술

박혜성 지음

경향신문사

성을 즐거운 식사와 같은 차원으로 끌고 나오다

20년 가까운 산부인과 개원의로서 두터운 임상 경험과 다양한 성치료 경험을 토대로 저자가 이룩한 짧지 않은 경륜이 이런 훌륭한 책을 내기에 이른 것 같다.

그동안 저자는 동두천이라는 지역사회를 무대로 일찍이 성치료 문제에 뛰어들어 누구보다도 다양한 문헌을 섭렵하고 외국의 새로운 경향을 두루 경험해 왔다. 그리고 국내외의 많은 전문가들과의 교류를 바탕으로 한국 최초의 주말 부부합숙 성교육 프로그램을 성공적으로 개최하는 등 다양한 교육 프로그램을 개발해 왔다. 또한 여러 채널의 TV, 라디오, 신문, 여성 잡지 등 매스컴에 출연하거나, 투고하여 성치료가 필요한 사람들은 물론 이 문제에 관심 있는 일반인들에게 성에 대한 쉽고, 바른 지식 보급에도 남달리 큰 기여를 해 왔다.

저자의 이런 행보는 성치료의 다년간 임상경험 축적으로 보다 나은 성의 향유를 위한 여성의 신체적 결함에 대한 정교한 수술적 치료로 이어졌다. 이 같은 성치료에 대한 탁월한 의술 위에 성에 대한 이론과 철학적 통찰을 함축함으로써 이 영역에 있어 실전과 이론을 겸비한 최고의 전문가임에 틀림없다고 본다.

이런 배경을 가진 저자가 쓴 이 책은 확실히 여러 가지 면에서 지금까지의 다른 책들과 차별화될 것으로 본다. 저자는 이 책에서 우선 '맛있는 섹스'라는 감칠 맛 나는 용어를 거침없이 사용함으로써 인간의 두 가지 중요 욕망인 식욕과 성욕을 같은 차원으로 묶어 음지에 갇혀 있던 성에 대한 터부를 명쾌하게 깨부쉈다. 그리고 이를 누구나 매일 하루 세 끼씩 즐겁게 먹는 식사와 같은 비유로 친숙하고 밝은 세계로 끌고 나온 혁명적 의도를 내보였다.

이와 동시에 저자는 사회 전체의 성에 대한 무지와 편견도 아울러 지적했다. 또한 성에 대한 전통적인 사고방식과 지나치게 개방적이어서 생기는 모순과 갈등을 적절한 사전 성교육을 통해 합리적으로 관리되어 개인적으로나 가정적으로 행복한 성이 될 수 있음을 희망적으로 갈파하는 강한 제스처도 선보이고 있다. 저자는 이 책에서 세간의 풍문이나, 동료에게서 들은 얘기나, 외국서적의 번역이 아닌 진짜 자신의 치료 경험만을 토대로 자신의 철학과 융합시킨 후 성과 성치료에 대한 이야기의 실체적 자료로 삼았기 때문에 이 책을 읽는 이로 하여금 공감을 유도하는 데 남다른 특기를 보였다.

저자는 이 책에서 성은 남녀가 모두 동시에 함께 오르가슴에 이르는, 남자와 여자 상호간의 건전한 게임이어야 한다면서 이를 위해서 터득해야 할 성에 대한 남녀 몫의 지식과 테크닉을 자상하게 소개하고 있다.

마지막으로 저자는 이 책에서 수술적 요법이 성문제 해결의 전부는 아니라 하더라도 여성의 신체적 결함이나 훼손 변형된 부분을 정상상태와 가장 가깝게 복원하는 수술적 요법 또한 일그러진 성관계를 회복시키는 하나의 지름길이 될 수 있음을 실례를 들어 설득시키고 있다.

이 외에도 이 책은 쿨(Cool)한 용어, 개념, 철학들을 저자 특유의 유머러스한 입담과 유려한 글 솜씨로 지루하지 않고 '맛있게' 전달하려고 최선을 다 한 노력이 엿보인다. 모쪼록 이 책이 성에 대한 지식과 성치료에 대한 정보를 필요로 하는 많은 전문인, 환자 및 일반인들에게 좋은 벗이 되기를 바라는 마음 간절하다.

이진우 〈가톨릭의대 명예교수, 해성병원 원장〉

맛있는 섹스는 삶을 개조한다

아이가 둘 있는 중년의 산부인과 여의사가 사회를 위해서 할 일은 과연 무엇일까? 그간 나는 많은 환자들을 만나고, 많은 시간을 진료에 전념해왔다. 산부인과 전문의로서 나름 최선을 다했다는 자부심도 없지 않으나, 내가 평생 하고 싶은 분야에 온통 몰입했다는 흔쾌함은 없었다.

그 개운치 못한 기분은 얼마 전 내가 성 의학에 관심을 기울이면서부터 어느 정도 해소되기 시작했다. 40대 중반의 나이에 뭔가 다른 차원에서 많은 사람들에게 도움이 되는 일을 하고 싶었던 것이다. 부족한 지식은 열심히 보충하고 있고, 지식의 축적과 응용 과정에서 나는 많은 것을 배우고 있다. 그 과정에의 몰입은 매우 행복하고 짜릿한 경험이다.

섹스는 인류 생존과 번영의 생물학적 토대다. 성생활을 하는 모든 사람들의 행복을 좌우하는 핵심 활동이다. 섹스는 대단히 미묘하고 풍부한 울림을 지니고 있는 행위다. 그래서 성공적인 성생활은 행복을 담보하지만 실패한 성생활은 불행한 삶으로 직결되기 십상이다. 주변에서 그 양극단의 사례를 발견하기란 어렵지 않은 일이다.

'맛있는 섹스', 그것은 철학적인(philosophic) 문제이면서 동시에 기술적인(technical) 연구를 요구하는 테마다. 쉽게 말해 '의식의 혁명적 전환'과 '지식 습득과 기술적 연마'를 전제로 한다는 것이다. '맛있는 섹스'는 성인들

대부분이 원하지만 그것은 쉽게 얻어지는 것이 아니다. 나는 이 책을 통해 '맛있는 섹스'를 성취하기 위한 혁명적 발상과, 그 발상을 실천 가능케 하는 다양한 섹스 지식을 제공하고 싶다.

성 의학은 우리나라에서 아직 미개척 분야다. 전인미답이라 해도 과언이 아니다. 성적인 만족이 대다수의 행복을 좌우한다는 사실을 분명히 알면서도, 애써 이 문제를 외면하는 것은 의사의 직무유기나 다름없다. 왜 의사들은 '맛있는 섹스'를 위한 정확한 처방전을 제시하지 못하는가.

현대 사회는 매우 빠른 속도로 변화하고 있다. '광속(光速)'이라는 말을 실감하게 한다. 성에 관한 의식의 변화도 괄목상대다. 우리나라의 젊은이들도 예외는 아니다. 그러나 성적 의식의 개방이 시대의 대세가 되어가는 한편, 한국사회의 잠재 의식을 형성하고 있는 유교 이데올로기는 여전히 우리의 생각에 굴레와 질곡으로 작용하고 있다.

우리는 '맛있는 섹스'를 원하지만 그 근저에는 뿌리 깊은 죄의식이 상존하고 있다. 나는 이러한 이율배반, 위선, 분열증에 대한 과감한 청산을 제안하고 싶다. '맛있는 섹스'를 즐기는 데에 있어서 어정쩡한 망설임 같은 것은 이제 집어치우자는 것이다.

모든 종류의 섹스가 용인되어야 한다는 것은 아니다. 어차피 결혼과 섹스의 관행은 시대의 도덕률과 제도의 영향을 받는다. 그러나 도덕과 제도는 인간 의식을 반영하는 것이다. 법과 제도와 도덕이 통념의 사회적 진화를 제대로 반영하지 못하면 그것은 인간의 행복한 삶을 가로막는 낡은 장치에 불과하다.

대한민국의 이혼율은 세계 1,2위를 다툰다. 저 출산율도 세계 1,2위권 안이다. 선진국형 가족제도의 변화와 붕괴 과정을 겪고 있지만 섹스에 대한 관념과 지식은 여전히 후진국형이다. 섹스에 대해서는 창조적이고 자유로운 생각을 하지 못하고 성에 대한 지식과 상식은 거의 제로베이스나 다름없다.

대한민국 대부분 성인들에게 섹스의 영역은 불건전하고 음지적인 것이다. 그 축축하고 어두운 음지 안에는 죄책감이라는 독버섯이 서식하고 있다. 소위 '불륜' 이라는 대한민국의 트렌드는 그런 환경 안에서 그 세력을 확장하고 있다.

"애인이 없는 사람은 장애 6급"이라는 농담이 유행한다. 배우자 외의 섹스 파트너를 갖는 것이 조금도 이상한 일이 아니라는 것이다. 성매매방지법이 통과된 후 해외 매춘관광이 급격하게 늘어 1년에 2조 원 가량의 외화가 낭비되고 있다는 분석도 있다. 우리가 건전하게 성적 욕망을 풀 수 있는 시스템 구축에 실패했다는 뜻이다. 뭔가 정리가 안 된 상황이라는 것이다.

인터넷에서는 소위 '야동' 으로 큰 돈을 버는 사람도 많지만, 건강하고 올바른 성교육을 하는 사람은 별로 없다. 나는 이 책을 준비하면서 섹스를 통해 행복한 삶을 사는 방법을 고민했다. 이 책은 성에 대한 역사나 심리를 다루고 있지 않다. 섹스를 학문적으로 접근하기보다 경험적, 임상적, 기술적으로 접근하자는 것이 나의 의도다.

가장 간단한 치료법만으로도, 섹스에 대한 수많은 편견 중의 한 두개만 바꿔도 가정은 행복해 질 수 있다. 여자로서, 또 남자로서 행복해 질 수 있는 길이 분명 이 섹스의 광장 안에 존재하는 것이다.

나는 감히 '섹스는 인생' 이라고 정의하고자 한다. 사랑과 섹스가 아름다우면 그 인생이 아름답다. 최상의 섹스를 즐길 수 있다면, 그것은 최상의 삶이다. 이것이 섹스와 인생에 대한 비밀스런, 그러나 전면적인 진실이라고 나는 믿고 있다. 중년의 남녀는 이제 섹스가 재미없다. 여름의 권태로운 오후처럼 축축 늘어지고, 해도 그만, 안 해도 그만인 상태다. 이럴 때 정말 재미있는 것이 있으면 빠지게 된다. 게임이든, 도박이든, 여자든, 술이든, 골프든, 일이든, 무엇에건 빠지게 된다. 섹스를 거의 하지 않는 '섹스리스' 부부가 한국인의 30퍼센트 정도나 된다는 통계 자료가 있다. 일본도 30~40 퍼센트 정도에 이른다고 한다. 섹스리스 문제는 높은 이혼율과도 깊은 상관관계가 있다.

섹스리스를 극복하려면 섹스가 재미있어야 한다. 즉 섹스가 맛있어야 한다. 맛있는 음식을 먹듯이, 즐겁고 재미있어야 한다. 그래서 나는 오랜 시간 맛있는 섹스를 성취하는 법을 생각했다.

우리는 예술작품을 감상할 때 "아는 만큼 보인다"는 조언을 듣는다. 섹스야말로 그렇다. 공부하고 연마하면 섹스가 달라진다. 모든 좋은 것이 쉽게 얻어지지 않듯, 한 순간의 계시로 당신의 섹스는 달라지지 않는다. 내가 이 책을 써서 독자와 함께 섹스 여행을 함께 하고 싶은 이유가 바로 여기에 있다. 맛있는 섹스를 하면 인생의 차원이 달라지는 것이다.

2008년 12월 박혜성

Contents

제2장 섹스클리닉에 오면 평생고민을 해결한다

Contents

제4장 성공적인 성생활을 위한 '섹스상식 17가지'

제1장

생각이 변하면 섹스가 맛있다

1 섹스는 행복한 운동

섹스는 행복한 운동이고 예방의학이다. 서양인들은 섹스를 스포츠로 생각한다. 그래서 서양인에게 섹스는 건강을 증진하고 따라서 자신을 위한 일이라고 생각하는 경향이 있다. 섹스에 대한 동양적인 생각은 다르다. 섹스를 체력 소모로 생각하고, 상대를 위한 일이라고 생각한다.

엄청난 인식의 차이다. 서구인들은 섹스를 열심히 하면 살이 빠지고, 스트레스가 풀리며, 장수하는 데 도움이 된다고 믿는다. 섹스는 즐거운 엔터테인먼트인 것이다. 반면 동양인들은 섹스란 하든, 안하든 별로 중요하지 않고 나이가 들면 당연히 '현역'에서 물러나는 것쯤으로 치부한다.

그러나 섹스리스 부부는 여러 가지 문제에 봉착한다. 섹스리스란 대화의 실종을 의미한다. 왜냐하면 섹스는 육체적인 대화이기 때문이다. "몸의 대화가 사라지면 말의 대화가 없어지고 애틋함, 상대를 원하는 필요성이 실종된다."

현재 우리나라나 일본은 섹스리스가 상당히 중요한 사회적 문제로 떠올랐다. 그러나 정작 섹스리스 부부들은 사태의 심각성을 깨닫지 못한다. 한 끼 밥을 굶으면 큰 일로 생각하면서도 섹스 없는 '덤덤한 밤'은 범상하게 넘긴다.

섹스는 왜 스포츠인가. 섹스를 하면 살이 빠진다는 점에서 그것은 매우 유익한 스포츠다. 운동을 하면 숨이 차면서 심장이 일을 하게 되는데, 이때 흘린 땀에 의해 콜레스테롤이 녹아 나오고, 근육이 단련된다. 심장에 부하가 걸리면서 몸 구석구석에 혈액순환이 잘 되고, 노폐물이 빠져 나온다. 더군다나 헬스클럽에서의 운동처럼 지루하지도 않고, 즐거우면서 행복한 여가 생활이다.

개인차에 의해 소모열량은 다양하긴 하지만 한 번의 섹스에는 대체로 200~1000 킬로칼로리의 열량이 소모되는데 이것은 여성이 하루에 섭취하는 열량의 절반 정도에 해당된다. 특히 "'열정적인 30분간의 섹스'는 800 킬로칼로리의 열량을 소모한다"는 것이 성학자들의 일반적인 견해다.

아내의 옷을 벗기는 데 12 킬로칼로리, 클리토리스를 찾는 데 8 킬로칼로리, G스폿(G-spot)을 자극하는 데 92 킬로칼로리, 오르가슴을 느낄 때 소모되는 칼로리는 112 킬로칼로리나 된다고 한다. 평상 시 운동처럼 40~60분 정도 하는 것이 좋은데, 전희 스트레칭 15~20 분, 삽입 섹스 20~30 분, 후희 5~10 분으로 나눠 자신의 최대 운동 능력의 40~60 퍼센트 정도를 발휘하는 것이 좋다.

고혈압이나 심혈관계 질환이 있는 사람은 '나이트 섹스'가 더 좋다. 왜냐하면 밤에는 하루 중 혈압이 가장 낮아서 신체활동으로 인한 혈압 상승 효과가 적기 때문이다. 갑자기 '모닝 섹스'를 하면 혈압을 올리는 교감신경물질이 자극돼 고혈압이 악화되거나 뇌출혈 위험이 높아진다. 고혈압 환자들은 모닝섹스를 삼가는 것이 좋다.

하지만 피로에 지친 샐러리맨이나 체력이 약한 여성은 모닝섹스가 좋다. 아침에 발기를 맡고 있는 중추가 흥분되어 있는 데다 자율신경 호르몬의 분비가 촉진돼 성적으로 양기를 돕는 현상이 생긴다. 새벽에 일어나 7~8 시간의 공복상태에서 섹스를 하게 되면 피하와 간에 축적된 지방이 에너지원으로 사용돼 체내의 지방량을 줄일 수 있다. 모닝섹스는 별다른 성인병이 없는 비만자에게는 체중 감량에 좋은 효과가 있다.

영국 윅스 박사의 조사에 의하면, 일주일에 3회 이상 섹스를 한 사람이 그렇지 않은 사람에 비해 12년 정도 젊어 보인다고 한다. 미국의 건강 전문 웹사이트 〈리얼 에이지〉가 제시한 섹스와 수명과의 관계 조사에 따르면 일주일에 3~4회 섹스로 최고 8년의 수명을 늘릴 수 있다고 한다.

이것은 섹스를 할 때 성장호르몬과 옥시토신 엔도르핀이 분비돼 더 젊고, 건강하고, 행복하게 만들기 때문이다. 부산정보대학 김종인 교수의 체위에 따른 신체 부위별 감량 처방도 흥미롭다. 남성 상위는 뱃살을 빼고 허벅지 안쪽 근력을 강화한다. 여성 상위는 허벅지와 엉덩이 부위의 살을 뺀다. 기승위(여성 상위에서 말탄 자세)는 아름다운 골반을 만들고, 요추 근력을 강화한다. 굴곡위(여성이 다리를 '만세' 한 자세)는 허벅지 군살을 제거하고, 전측위(서로 마주 보고 옆으로 누운 자세)는 목 가슴 허리의 체지방 감량에 좋다.

후측위(여성이 남성에게 등을 보인 상태로 옆으로 누운 자세)는 날씬하고 가는 허리를 만들며, 전좌위(서로 마주 보고 앉은 자세)는 근골격계의 유연성을 높이고 복부근력을 강화한다. 후좌위(여성이 등을 남성에게 보인 자세에서 앉은 체위)는 엉덩이 허벅지 살을 빼주고, 후배위(doggy position)는 히프를 올려주고 등의 군살을 제거한다. 입위(서서 하는 체위)는 당신의 다리를 늘씬하게 만들어주는 특효약이다.

결론적으로 섹스는 신이 내린 최상의 보약이고 예방의학이다. 그 뿐인가! 섹스는 심장질환도 예방하고, 통증 완화 효과도 있으며, 자궁질환 예방 효과와 우울증 치료와 노화방지 효과까지 있다. 이렇게 좋은 섹스를 하지 않다니! 매일 돈 안 들이고 할 수 있는 운동을 열심히 하자. 부부의 행복은 친밀감, 열정, 섹스가 어우러져야 비로소 완성되는 것이다.

② 섹스는 창조적 삶의 반영이다

좋은 습관을 가진 사람이 실패할 수 없고, 나쁜 습관을 가진 사람은 성공할 수 없다. 아이를 훌륭하게 키우고 싶으면 좋은 습관을 키워주면 된다. "세살 버릇 여든까지 간다"는 말은 진부하지만 진리 중의 진리다. 수학공식을 가르쳐 주고, 영어단어를 외우게 하는 것보다, 어른들께 인사 잘하고, 일찍 일어나고, 책을 가까이하고, 모든 것을 절약하고, 약속시간을 잘 지키고, 시간을 절약하는 습관 등을 잘 가르치면 다른 것들은 저절로 따라 온다.

너무나 간단한 진리이지만 사람들은 자식을 가르칠 때 숲은 보지 못하고 가지만 보기 때문에 시험점수가 안 좋다고 꾸중하고, 친구와 놀고 늦게 들어온다고 혼을 낸다. 지엽말단에 신경을 쓴다. 좋은 습관을 몸에 익히면 그 다음은 약간의 관리만이 필요하다. 초등학교 때까지는 좋은 습관을 갖도록 부모가 조교처럼 잘 가르쳐야 한다.

섹스 습관도 마찬가지다. 신혼 때 했던 사랑의 습관이 평생 간다. 그래서 한 가지 체위로 버틴 사람은 평생 그것만 하고 산다. 하지만 신혼 때 여러 가지 체위를 시도해 보고, 장소와 분위기도 바꿔 보고, 같이 연구하고 대화를 한 부부는 평생 다양한 성생활을 하게 된다.

하지만 우리나라의 성문화는 단순하고 척박하다. 섹스에 대해 제대로 배울 곳이 없었다. 특히 지금의 50,60대는 전쟁을 겪고, 보릿고개를 겪은 세대다. 먹고 살기 힘들어 섹스에는 신경 쓸 겨를도 없었다. 애를 낳는 수단으로 섹스를 했고, 남성 위주의 섹스를 했다.

통신, 미디어, IT산업의 발달로 섹스 환경은 급변하고 있다. 인터넷, 핸드폰, TV 드라마, 영화를 일상적으로 접한 세대는 섹스의 가치관과 행태가 놀랄 만큼 다양하고 자유롭다. 지금 10대와 20대는 90 퍼센트 이상이 오럴 섹스를 하며 불을 켜고 섹스를 한다.

그들에게는 오럴 섹스가 당연한 섹스의 코스다. 애피타이저를 먹듯, 전희 역시 빼놓을 수 없는 코스다. 메인 요리가 먼저 나오는 법이 없듯이, 전희를 빼먹고 하는 섹스는 젊은 세대에게는 있을 수 없는 일이다.

우리나라 요리는 모든 음식이 한꺼번에 나온다. 특히 먹고 살기 힘든 집은 간장에 김치, 밥만 먹고 살았다. 하지만 지금은 더 많은 반찬을, 여러 가지 조리법으로 건강을 생각하며 먹고 있다. 섹스도 마찬가지다. 한 가지 반찬과 밥만 가지고 겨우 먹고 사느냐, 아니면 다양한 메뉴로 골라먹느냐의 문제다. 그것은 삶의 질을 좌우하기 때문에 매우 중요한 문제다.

어머니가 해 주는 음식에 길들여지듯, 섹스도 부부가 서로를 길들인다. 길들일 때 좋은 습관을 갖는 것이 중요하다. 좋은 습관을 갖게 되면 부부가 평생 건강하고 서로 사랑하면서 살 수 있지만, 나쁜 습관을 들이면 작은 자극에도 가정이 깨지게 된다.

당신은 어떤 습관을 가지고 있는가를 다음의 질문을 통해 체크해 보라.

1. 부부싸움을 하면 각방을 쓰거나, 섹스를 안 한다. 화해할 때까지.

나쁜 습관. 이러다가 평생 섹스를 안 하게 될 수 있고, 섹스를 무기로 쓰게 된다. 섹스는 무기가 아니다.

2. 내 위주의 섹스를 한다. 내가 하고 싶을 때 하고, 내가 하기 싫으면 안 한다.

나쁜 습관. 매우 이기적인 사람이다. 이런 습관을 들이면 그때는 행복할지 모

르지만 파트너가 그대로 돌려준다. 다른 방식으로, 다른 것을 통해서 보복을 당하게 된다. 파트너와 대화를 통해 그의 마음을 읽어야 한다. 만약 파트너에게 잘 해주는 사람이 나타나면 가정은 풍전등화가 된다. 그 책임을 지게 될 것이다.

3. 우리는 섹스 없이도 행복하다.

안 좋은 상태다. 물론 섹스 없이도 살 수 있다. 그러려면 결혼을 하지 말거나 파트너를 자유롭게 해 주어야 한다. 파트너에게 반드시 물어 보아야 한다. 파트너도 섹스 없이 행복한지, 어떤 불만이 있는지 물어보고 말로 하지 않은 것을 알아내야 한다. 대부분 둘 중 하나가 성욕이 없거나, 한쪽이 섹스를 싫어하거나, 안 된다고 해서 파트너에게 그것을 그대로 감당하게 해서는 안 된다. 이가 없으면 잇몸이 그 역할을 대신 하듯이 메인 섹스가 안 되면 오럴 섹스나 마사지라도 해 주어야 한다.

4. 한 가지 체위로 평생 한다.

나쁜 습관. 재미가 있으면 밤을 새우며 하지만, 재미가 없으면 천장 보면서 벽지타령을 하게 된다. 부부가 하는 섹스가 형식적인 이유는 재미가 없기 때문이다. 재미있게 하라. 오늘밤은 어떻게 재미있게 지낼 것인지 연구하라. 매일이 재미있을 것이고, 밤이 기다려 질 것이다.

비가 오면 땅이 굳어진다고 했다. 하지만 우리는 비가 오면 김치전이 먹고 싶어진다. 이젠 생각을 바꾸자. 비가 오면 다른 방식으로 섹스를 해 보자. 좀 재미있고, 맛있게 하는 방법을 연구하자는 것이다.

밀가루를 사서 전을 붙이는 마음으로 섹스에 대한 새로운 방법을 연구해 보

자. 대부분의 사람이 한 명의 파트너와 평생을 산다. 한 명의 파트너에 만족을 못하고 다른 생각을 하는 대신, 그 사람과 어떻게 행복하게 살 것인지에 대해 연구해 보자. 그러면 너무나 좋은 생각들이 쏟아질 것이다.

좋은 습관은 행복의 시작이다. 결혼을 앞두고 있는 자녀가 있을 경우 성교육을 반드시 시켜야 한다. 혼수처럼 생각하고 좋은 성교육을 반드시 받아야 한다. 또한 중년의 권태기나 노년의 달라진 성생활을 위해서도 성교육을 받아야 한다. 재미있는 섹스를 하고 싶어도 성교육을 받아야 한다. 어떻게 해야 할지 모를 경우 좋은 선생을 찾아가서 약간의 시간을 투자하면 된다. 밥을 먹기 위해 숟가락 젓가락질을 배우고, 운전을 하기 위해 운전연습을 하듯 우리가 우리 몸을 잘 사용하기 위해서는 훈련과 교육이 필요하다.

3 섹스 경시하면 만리장성이 무너진다

어렸을 때 부모의 사랑을 충분히 받고 자란 경우, 사랑이 부족한 적이 없어서 사랑이 중요하지 않다고 생각할 수 있다. 또한 성인이 되어 일을 중요하게 생각하는 삶을 살면 사랑은 중요하지 않다고 여기며 평생을 일과 결혼한 것처럼 산다. 특히 사회적으로 성공한 사람일수록 사랑을 대수롭지 않게 생각한다.

하지만 나이 40쯤 되면 사는 것이 덧없어 진다. 체력도 달리고, 젊었을 때의 패기도 없고, 실패도 두려워 진다. 주위 사람이 병으로 쓰러질 때마다 다시 건강을 걱정하게 된다. 부부 간의 성생활도 무덤덤하고 심드렁해 진다. 끈

끈함과 애틋함이 사라지는 것이다.

내가 잘 아는 부부의 경우다. 두 사람은 연애결혼을 했다. 둘 다 똑똑하고 지적인 삶을 사는 사람들이다. 하지만 어쩐 일인지 그들은 섹스리스 부부였다. 왜 그러냐고 물었더니 손만 잡고 자도 좋다고 했다. 둘은 서로를 믿고 사랑하고 있었다. 부인은 남편을 존경하고, 남편도 부인을 매력적이라고 생각하고 있었다. 왠지 두 사람은 섹스를 안 하고도 별 문제 없이 살았다. 둘 다 가정에 충실했고, 좋은 엄마 좋은 아빠 역할도 열심히 했다. 좋은 며느리 좋은 사위 역할도 잘 했다.

하지만 몇 년이 지나 두 사람은 별거를 했고, 이혼할 단계에 이르렀다. 왜 그럴까? 둘이 사랑하고 섹스가 중요하지 않은데 왜 이혼을 하지? 여기엔 자명하고 분명한 비밀이 있다.

결혼에는 섹스라는 형식이 반드시 필요하다. 섹스가 필요 없으면 결혼을 하지 않고 살아도 된다. 옛날에는 섹스 없이 서로 참고 살았다. 하지만 지금 세대는 성적 교섭이 부족하면 참고 살지 않는다. 서로 불만 없이 잘 살다가도 어느 날 우연히 섹스가 맞는 상대를 만나게 되면 지금의 결혼생활이 무의미하게 느껴지고, 쉽게 이혼을 생각할 수 있다.

왜 역사적으로 중요한 일에 미인계를 쓰고, 하룻밤에 만리장성을 쌓는다고 하겠는가? 한평생 쌓아온 부와 권력이 하룻밤 여인 때문에 물거품이 되거나, 단두대의 이슬로 사라진 영웅들이 그 얼마나 많았던가.

만약 며칠간 섹스 없이 지냈다면 파트너를 관찰해 보자. 작은 일에도 쉽게 화를 내고, 뭔가 티격태격하게 된다. 섹스할 때 분비되는 옥시토신은 사람을 편안하게 하고 마음을 안정시키는데, 섹스를 오래도록 하지 않으면 그 호르몬이 분비되지 않아 쉽게 신경질을 내게 된다. 오늘 다시 한번 파트너를 관찰해 보자. 괜히 신경질을 부리지 않는가?

기분 좋은 섹스를 하면 행복해 지고, 건강에도 좋다. 섹스할 때 분비되는 엔도르핀은 우릴 행복하게 만들고 건강하게 만들어 준다. 사랑하면 예뻐진다는 말도 과학적인 근거가 있다. 그 호르몬이 얼굴을 확 펴주기 때문이다.

그래서 섹스가 중요하지 않다고 하는 사람은 좋은 섹스를 해 본 적이 없거나, 그런 사람을 만난 적이 없는 경우가 많다. 장수촌을 취재해서 쓴 책 중에 〈오키나와 프로젝트〉라는 책이 있다.

그 책에는 장수하는 사람들의 특성으로 나이가 들어서까지 섹스를 하는 습관을 들고 있다. 섹스는 건강해야 할 수 있고, 역으로 섹스를 하면 건강해 진다는 말도 성립된다. 섹스가 중요하지 않을 수 있다. 하지만 섹스 없는 삶은 앙꼬 없는 찐빵과 같고, 고무줄 없는 팬티와 같다. 앙꼬 없이 찐빵을 먹을 수도 있고, 고무줄 없는 팬티를 입을 수도 있다.

섹스가 중요하지 않다고 말할 수는 있다. 하지만 그것이 충족이 안 되면 뭔가 부족하고, 어떤 식으로든 곪아 터진다. 마치 미지근한 물처럼 갈증을 해소해 주지 못한다. 열기가, 스트레스가 그대로 남아 있게 된다.

섹스는 인간 행위의 중요한 측면이다. 부정하고 싶겠지만, 어쨌든 섹스는 중요하다. 섹스 없는 부부생활은 기초 없는 건물과 같고, 대들보 없는 집과 같다. 부부생활에 있어 성생활은 식욕만큼 중요하다. 위기가 닥쳐서 그것을 고치려고 하면 이미 때는 늦는다. 만약 당신이 섹스가 중요하지 않다고 생각한다면 그 생각을 바꿔야 한다. 왜냐하면 당신의 파트너는 그렇게 생각하고 있지 않기 때문이다.

4 성욕과 식욕

인간의 욕망을 두 개로 압축한다면 식욕과 성욕이라고 할 수 있다. 살면서 먹는 것을 가지고는 부끄러워 하지 않는다. 식탐이 있다고 손가락질을 하지도 않고, 그렇다고 부러워하거나 천대하지도 않는다. 우리는 매일 무엇을 먹을까 고민하고 새로운 것, 맛있는 것을 찾아다닌다. 또한 더 맛있게 요리하는 법을 연구하고, 요리 잘 하는 여자와 결혼하기를 바란다. 맛있는 음식을 먹으면 너무나 행복하고, 배가 고프면 기운도 없고 만사가 귀찮다.

하지만 성욕은 다르다. 성욕이 너무 강하거나 너무 약할 때 그것을 부끄러워한다. 누군가 너무 밝히거나 느끼하면 속물이라고 생각하고 터부시한다. 그러면서도 여자들은 섹시하게 보이려고 노력한다. 더 맛있게(?) 보이려고 하기도 한다. 남자들 또한 몸매를 멋지게 다듬어 여자가 맛있게(?) 느낄 수 있게 한다.

섹스에 관한 한 우리는 이중적 감정의 혼돈을 경험한다. 우리의 머리 속 인식과 실제 행동 사이에 괴리가 발생하는 것이다. 오랜 기간 우리가 유교 문화의 부정적 유산을 무비판적으로 받아들였기 때문이다. 우리나라는 유교의 발상지보다 더 유교적인 나라다. 만주족 청나라가 중국을 지배할 때 우리는 그들을 오랑캐라 부르고 우리 자신을 '소중화(小中華)' 라 부르지 않았던가. 모름지기 사람은 점잖아야 한다고 생각하는 유교 이데올로기는 행복한 성생활의 걸림돌로 작용하고 있다. 불필요한 혼란을 느끼게 되는 것이다.

웰빙 바람이 불면서 먹을거리 문화도 달라졌다. 같은 음식도 조리법과 원산지를 따지고, 조리법 연구도 치열하다. 유명 음식점의 솜씨 좋은 주방장을 찾아 가고, 인테리어와 주차 시설도 따진다. 경치가 수려한 곳을 찾아가며 생소한 나라의 음식기행도 유행이다.

다양한 미각과 식욕을 충족하면 우리는 행복을 느낀다. 섹스도 마찬가지다. 식욕이 다양한 욕구 충족을 요구하고 있다면 섹스 역시 그렇다. 성적 욕망을 다양한 방법으로 충족하려는 요구를 왜 변태라고 하는가. 이게 문제다. 매일 매일 된장국에, 보리밥에 김치만 먹는다고 치자. 오늘 아침, 점심, 저녁 모두 이렇게 먹고 내일, 모레, 그 다음날도 계속 같은 밥에 반찬을 먹는다고 치자. 그러면서 부인이 "여보, 맛있지? 맛있지?" 하면 남편이 진심으로 "그래, 맛있어"하고 대답할까. 옛날 조선시대, 혹은 그 전에 우리가 농사를 지어서 겨우 밥을 먹던 시절에는 그게 가능했을지도 모르겠다. TV도 없고, 인터넷도 없던 시절에, 자동차도 없고 그래서 붙박이처럼 한 지역에서 평생 같은 일을 해야 했던 시절에는 가능했을지도 모르겠다. 그러나 시대는 변했고 우리들의 욕망의 색깔도 변했다. 그 욕망이 주장하는 목소리는 크고 다양하다.

한 가지 체위로 평생을 버티는 시대는 지났다. 같은 장소에서, 같은 사람과, 같은 체위로 하면서, "나 잘하지? 재미있지? 또 할까?" 이렇게 말하면 무슨 말로 대답해야 할까?

1. "너무 좋아. 당신이 최고야."
2. "너무 재미있어. 날마다 이렇게 해 줘."
3. "넌 재미있냐? 난 별론데."
4. "너 같으면 재미있겠냐?"
5. "우리 매일 한 가지씩 바꾸면서 하자. 음식 메뉴 바꾸듯이."

성욕과 식욕은 같은 대뇌 중추에서 관장을 한다. 그렇기 때문에 성욕이나 식욕은 본질적으로 같은 욕망이고 같은 메커니즘이다. 인간의 생존과 번식을 담보하는 가장 기본적인 욕망이다. 그렇다면 당신의 식욕은 어떤가? 또한 앞으로 당신의 성생활은 어떻게 해야 할까?

1. 밥은 먹지만, 섹스는 안 하고 살 수 있다. 뭐, 섹스 안한다고 죽느냐?
2. 밥은 먹어야 하지만, 섹스는 중요하지 않다. 그것 없이 산 날이 오래 되었다.
3. 섹스도 밥만큼 중요한 것 같다. 앞으로 신경써야 겠다.
4. 요리법을 연구하듯이 섹스도 연구하고 노력해야 겠다.
5. 밥은 안 먹어도 섹스는 빼 먹지 말아야지. 하룻밤에도 만리장성을 쌓는다는데.

어떤 식으로든 살아갈 수 있지만, 당신이 선택한 방식에 따라 당신의 삶은 너무도 다르게 전개될 수 있다. 나는 이렇게 묻고 싶다.

"당신의 식욕은 어떻습니까? 그렇다면 당신의 성욕은 어떻습니까? 당신의 성욕과 배우자의 성욕은 조화롭습니까? 당신이 배가 고프지 않다고 배우자도 배가 고프지 않다고 생각하고 있는 것은 아닙니까? 너무 편식을 하거나, 외식을 즐기고 있지는 않습니까? 당신은 한 가지 음식만을 해 주고 있지는 않습니까? 입맛이 없는 것이 매일 같은 반찬에 같은 밥이어서 그렇지는 않습니까?"

나는 또한 이렇게 권하고 싶다. 변화, 그리고 탐구, 새로움이다.

"바꿔보십시오. 오늘 밤 메뉴를 바꿔 보시면 없던 입맛이 생길 것입니다.

봄에는 봄나물로 입맛을 돋우듯이, 여름에는 겨울음식으로 음양의 조화를 맞추듯이 여러 가지 조화를 맞춰보십시오. 삶의 맛이 달라질 것입니다. 파트너만 빼고 모든 것을 다 바꿔 보십시오. 여러분의 삶에 새로운 변화가 시작될 것입니다. 새로움은 인간에게 항상 즐거움이고 활력이 되니까요. 새로움은 삶의 액센트입니다. 오늘 밤 어떤 새로움을 파트너에게 줄지 음식 식단 연구하듯 탐구해 보시기 바랍니다."

5 섹스의 본질, 생명과 자연에 대한 외경

평소 성을 억압한 사람은 술 마신 후 그 억압 기제가 사라져 성적 욕망이 폭발적으로 표출되기 쉽다. 술에서 깨면 후회와 씁쓸함이 남게 된다. 젊은 시절 순결을 강요하는 상황에서 자란 사람이 중년이 되면 오히려 문란한 성생활을 하게 되는 경우가 많다.

성매매방지법이 통과되기 전만 해도 이런 사람들은 그럭저럭 살아갈 수 있었다. 이런 일로 감옥에 가거나, 시청이나 구청 홈페이지에 공개적으로 신상이 공개되지는 않았기 때문이다. 이제는 '표출' 이 잘못되면 바로 패가망신이다.

어려서부터 자연스럽게 성을 배운 사람은, 마치 우리가 밥을 먹거나 숨을 쉬듯이 일상생활의 일부로 성을 받아들이고 실천한다. 성은 우리 삶을 건강하게 유지시켜주는 샘물과 같은 역할을 한다. 성은 우리가 젓가락질이나 신발 끈 묶는 것을 배울 때처럼 배워나가는 삶의 기술이다.

자연스럽게 성을 배우지 못한 사람은 항상 마음 한 곳이 공허하고 결코 채워지지 않는 갈망을 지니게 된다. 그 같은 허기짐은 게임과 도박으로 출구를 찾기도 하고 일 중독에 빠진다. 폭식으로 비만 상태에 빠지고 거식증으로 기아 상태에 빠지기도 한다. 성 에너지를 어떤 식으로든 사용하지만, 그것이 극단적인 방식으로 출구를 찾게 된다는 것이다.

성은 묘한 상대성이 있다. 정상도 비정상도 없고, 잘하는 것도 못하는 것도 가리기 힘든 세계다. 두 사람이 하는 게임이며, 결국 둘만 만족을 하면 되는 유희다. 또한 모니터링을 해 주는 사람도 없기 때문에 잘못 나가기가 쉽다. 처음 버릇을 잘못 들이거나, 잘못된 성 지식을 가지게 되면 그로 인해 서로 불만족하게 되고, 병도 생기고, 끙끙 앓게 된다.

그래서 처음에 잘 배워야 한다. 바이올린에 '과르네리' 나 '스트라디바리우스' 같은 명기가 있듯이 사람에게도 명기가 있다. 명기도 훌륭한 연주자가 필요하다. 연주하는 사람과 악기가 잘 어우러져야 좋은 소리가 난다. 파트너가 악기를 어떻게 연주하느냐에 따라 소리가 달라진다.

또한 아무리 연습을 많이 해도 악기가 좋지 않으면 또한 좋은 소리가 날 수 없다. 즉 악기와 연주자 모두 중요하다는 것이다. 바이올린을 하나 배우려고 해도 몇 년의 피나는 노력이 필요하다. 하물며 사람을 연주하는 데에는 말해서 무엇 하랴. 우리는 운동을 하나 배워도, 악기를 하나 배워도, 외국어를 하나 배워도 많은 시간과 돈을 들인다. 그리고 연습하고 또 연습한다. 젓가락질을 배우는 데도 얼마나 많은 시간이 걸리고, 걸음마를 배우는 데도 얼마나 많은 시간이 걸렸는가?

하지만 우리는 신혼여행을 가기 전까지 자기 몸에 대해서 너무 모른다. 오직 본능에 따라 첫날밤을 치르고, 그렇게 치른 신혼여행을 남자들은 친구들에게 자랑을 한다. 전통시대의 남성들은 기생들과의 성적 유희를 통해 섹스 테크닉과 섹스의 리더십을 배웠다.

요즘 젊은이들은 인터넷의 '야동'을 보며 섹스를 배우고 결혼생활을 하게 된다. 그러나 포르노그래피의 섹스는 실제의 성보다는 매우 과장되어 있고, 변태적 성행위도 많다. 변태 성행위는 그것 자체를 부도덕하다고 규정할 순 없지만 섹스에 대한 환상을 키운다는 점에서 비난받을 만하다. 남자들은 파트너에게 그런 섹스를 하고 싶어 하고 또한 파트너가 그렇게 해 주기를 바란다.

하지만 그런 식의 섹스는 아줌마는 가능해도 새댁들은 어렵다. 섹스에도 경륜이 필요한 것이다. 중년의 성은 농익은 경륜을 자랑하지만 타성에 빠지기 쉽다. 무슨 일이든 재미있어야 밤을 새워 하듯이, 섹스도 재미가 있어야 밤을 지새운다. 왜 부인이 섹스를 하기 싫어하는지, 그리고 남편이 왜 한 체위만을 고집하는지를 반성적으로 되돌아 봐야 한다.

성은 자기표현이다. 성은 상대방과의 대화이다. 대화의 기법 자체도 중요하지만 육체적 대화를 통해 상대와 더 친밀해지고, 조화를 이루며 깊은 이해와 사랑에 도달한다. 섹스는 배워야 할 일종의 기술이지만 그게 전부는 아니다. 섹스의 본질은 생명과 자연에 대한 깊은 외경이다. 만약 섹스리스로 사는 부부이거나, 섹스를 더럽다고 생각하거나, 섹스를 형식적으로만 하는 부부가 있다면 생명과 자연이라는 섹스의 본질에 주목해야 한다. 왜곡된 시각을 가진 사람들도 성을 다시 생각할 기회가 될 수 있을 것이다.

아이를 낳을 때 산모는 고통으로 신음한다. 남들 다 낳는 아이라고 치부할 수도 있지만 모든 어머니는 자신만의 산고를 통해 아이를 낳는다. 섹스도 마찬가지다. 섹스는 모든 사람에게 주어진 부부의 권리이자 의무이지만 사람마다 각자의 고민이 있고, 풀어야 할 숙제가 많다. 즉 십인십색, 열 명이 열 가지의 고민을 가지고 있다는 말이다.

고민 없는 사람이 별로 없고, 완전히 만족하고 사는 사람도 거의 없다. 하지만 오줌이 안 나오거나, 대변이 안 나오면 사람이 아프듯이 섹스가 원활치 않으면 부부 사이가 아프다. 그것은 동서양을 막론한 진리다. 막히면 결국 병이 나게 되어 있다.

성은 신의 선물이다. 부부가 멋진 성생활을 하려고 노력하는 것은 성을 소중히 하고 건강하게 인생을 살아가려는 본능이기도 하다. 섹스란 자연스럽고 솔직한 인간 행위이지만 노력과 책임이 뒤따른다. 섹스는 자연과 인공의 조화, 본능을 아름답게 가꾸려는 의지와 노력이 필요한 영역이다.

6 여성 상위로 남자들에게 휴식을!

여자들은 대개 남자들이 평생 보호해 주길 바란다. 그래서 남자들은 당연히 강하고, 항상 튼튼하다고 생각한다. 실험에서도 여자들은 테스토스테론이 높을 것 같은 와일드한 남자를 더 선호한다고 한다. 남성다운 매력을 풍기는 사람이 싸움도 잘 하고, 여자를 더 잘 보호해 줄 것이라고 믿기 때문이다.

당연히 젊은 시절 결혼 적령기의 여자는, 수다스럽고 여성스러운 남자보다는 말이 적고 과묵하고 강해 보이는 남자에게 성적으로 훨씬 끌린다. 그런 사람하고 결혼해야 가정을 보호받을 수 있을 것으로 생각하기 때문이다.

원시 시대에 사냥으로 먹고 살던 시절에는 그런 남자들이 당연히 가족들을 잘 먹여 살렸을 것이다. 중세에도 힘이 좋은 남자들이 살아남았고, 힘이 없는 남자들은 그 사람에게 빌붙어 살았다. 영웅이 미인을 독차지하고 살았던 시대다.

나도 그렇게 생각하고 살아왔다. 하지만 나이가 들면서 깨달은 것은, 그리고 아들을 키우면서 체험한 것은 여자나 남자나 인간 성정(性情)의 본질은 같다는 것이다. 남자도 슬프면 울고, 겁이 나는 상황에서는 도망가고 싶고, 피하고 싶다. 특히 절대로 해결할 수 없는 어려움에 빠지면 무서워서 자살을 하는 사람도 있다. 자기 자식이 귀한 줄 알면서도 동반 자살을 하기도 한다. 너무나 무서워서 도피하고 싶은 것이다.

여자처럼 모질면 열심히 살 수도 있을 텐데, 남자들이 오히려 여자보다 더 모질지 못하다. 남자도 여자처럼 자기 얘기를 들어줄 사람이 필요하고, 힘들 때 위로가 필요하다. 집처럼 쉼터가 필요하다는 것이다. 보호해 주는 역할에서 벗어나, 보호받고 싶어 한다. 칭찬도 받고 싶고, 작은 배려도 받고 싶어 하는 것이다.

하지만 대부분의 여자는 남자의 무능을 탓하며, 위로보다는 궁지에 내몰기 일쑤다. 남자가 위로받고 싶어 할 때 위로보다는 잔소리로 답한다. 당연히 남자들은 여자의 잔소리가 듣기 싫어서 아예 여자와 의논하는 것을 포기한다.

정말로 위로가 필요할 때 마음의 귀를 열어 들어주고, 서로 도울 수 있는 일이 무엇인지 찾아봐야 하는데 여자는 무능한 남자를 떠나버리거나 자식까지 버리고 조금 더 능력 있어 보이는 남자에게 가 버리기도 한다. 그럴 때 남자는 어찌할 줄 몰라, 자살 같은 극단적인 해결책을 선택하기도 한다. 약하게 사는 것보다 짐짓 강한 체 죽음을 선택하는 것이다.

받기만 하고 살아온 여자는 남자의 그 마음을 알 리가 없다. 강해 보이는 그 이면에 약한 마음이 있다는 것을 모른다. 남자들은 항상 터프해야 한다는 '마초적 환상' 을 이제는 깰 필요가 있다. 항상 남자는 여자를 보호해 주고, 먹여 살려야 하며, 강해야 한다는 신화를 무너뜨리자는 것이다.

특히 중년이 지나면 서로 사랑받고, 위로받고 싶기 때문에 갈등이 생긴다. 이때 남자들은 테스토스테론 수치도 떨어지기 때문에, 강한 체하고 싶어도 그럴 수가 없다. 몸에서 호르몬 수치가 떨어지면서 여자들과 비슷한 성격으로 변한다. 남자도 여자처럼 주는 것보다는 받고 싶어 한다. 그래서 받으려고만 하는 여자에게 서운해 하고, 마음이 외로워진다. 그 때부터 남자도 주는 것보다 받고 싶어 하는 것이다.

우리나라 남자는 태어나서 세 번만 울어야 한다는 교육을 받으며 자란다. 즉 태어날 때 한 번, 부모님이 돌아가셨을 때 각각 한 번씩, 모두 세 번 울라는 얘기다. 그 외에는 남자는 울어서는 안 된다는 것이다. 즉 남자는 강해야 한다는 이데올로기를 끊임없이 주입받는다.

그렇게 길러진 남자는 자신이 눈물이 많아 나약하다고 느끼면 열등감을 갖고 살아간다. 강한 체하지만 남자도 울고 싶을 때가 있다. 그럴 때면 몰래 울면서 어쩔 줄 모르고, 그런 자신을 남에게 숨긴다. 그런 남자는 TV 드라마도 여자나 자식이랑 같이 보지 못하고 아예 안 보거나, 혼자서 본다. 눈물조차도 마음대로 보일 수 없는 남자의 심정을 여자들은 잘 모른다. 왜냐하면 그런 심리 상태를 얘기하는 남자가 없기 때문이다.

남자들은 그래서 여자보다 더 외롭다. 그래서 쉽게 작은 사랑에 빠지는지도 모른다. 자신을 위로해 주거나, 칭찬해 주거나, 마음 속 이야기라도 들어주는 꽃뱀에게 쉽게 빠진다. 왜냐하면 남자도 여자처럼 작은 배려에 감동하고 사랑을 받고 싶어 하기 때문이다.

남자들은 여자와 달리 섹스만을 좋아하고 쉽게 무너진다는 말은 신화에 불과하다. 남자도 여자와 똑같은 인간이다. 여자가 좋은 것은 남자에게도 좋다. 마치 우리 아들과 딸이 같듯이. 엄마의 작은 말에도 상처입고, 엄마의 칭찬에 감동하듯이.

섹스도 마찬가지다. 그동안 정상위만 해 왔다면, 이젠 남자를 위로할 수 있는 여성 상위를 해 보는 것도 좋다. 여성 상위로 하면 남자는 쉴 수가 있다. 너무나 피곤해서 섹스를 하고 싶지 않은 남편은 아무것도 하지 않아도 된다. 그저 몸의 요구에 따라 맡기면 된다.

여자가 오럴을 해 주고, 남자가 발기가 되면 그때 서서히 삽입하고, 여자가 리드하면 된다. 남자는 그저 누워서 그 감각을 편안히 받아들이는 것이다. 여자가 남자를 애무해 주고, 얼굴을 만져주고, 몸을 사랑스럽게 보듬어주고, 그리고 위로해 주면 된다.

그러면 남자는 쉼터에 온 것처럼 편히 쉴 수가 있다. 너무 잘하려고 노력할 필요도 없고, 오래 하려고 스트레스 받지 않아도 된다. 정상위보다 훨씬 오래 할 수도 있고, 그러다가 힘이 생기면 마지막은 정상위로 마무리해도 된다.

남자가 힘들 때는 여자가 봉사해야 한다. 그동안 받아온 것을 되돌려 줄 때다. 나이가 들어 간다는 것은 이해의 폭이 넓어진다는 것이다. 남자에 대한 이해도 새롭게 해야 한다. 남자도 우리의 아들처럼 외롭고, 여자의 손길이 필요하며, 사랑과 배려가 필요하다.

7 남자들이 모르는 섹스의 비밀

남자들은 여자의 이중성과 갈등을 이해하지 못한다. 여자는 태어났을 때부터 수동적으로 성장한다. 치마를 입히고, 뛰어놀지 말라고 한다. 다리를 벌려서 팬티가 보이면 안 된다고 얘기한다. 하이힐을 신게 하고, 조신하게 걷게 한다. 순결하라고 가르친다.

남자가 어떤 제안을 하면, 일단은 싫다고 얘기하라고 교육받는다. 나도 자랄 때 "순결은 목숨이다"라는 교육을 받고 자랐다. 여중, 여고 교장 선생님은 두 분 모두 독신이었는데 은장도를 가지고 다니면서 성교육을 시켰다. 조선시대 여인들은 순결을 빼앗기면 이것으로 자결을 했고, 그런 여인들은 마을이나 나라에서 열녀문을 세워 줬다고 강조하셨다.

몽고나 일본이 침범해서 마을 전체의 여자들이 집단으로 성폭행을 당하면 집단 자살을 했다고 얘기했다. 어떤 양반집에서는 모든 남자들이 여인네들만 남겨두고 도망가 버리고, 전쟁이 끝난 뒤 여인네가 임신이라도 해 있으면 자살을 하라고 압력을 넣어 목을 매달게 하고, 그리고는 열녀문을 세워 주기도 했다는 것이다.

나라를 빼앗기거나 침범을 당하게 한 무능한 남자들이 여자들에게 그 고통을 전가한 셈이다. 그런 교육 덕에 일부일처제의 사회가 지탱했던 시대가 있었다. 첫날밤 피가 비치지 않는다고 쫓겨나던 시대가 있었다. 지금은 아무도 그런 교육을 시키지도 않고, 듣는 이도 없다. 하지만 아직도 대한민국 상류사회의 보수성은 여자에게 순결을 강요한다. 또한 여전히 눈에 보이지 않는 굴레를 여자들은 쓰고 있다.

만약 남자가 바람을 피우면 그것은 로맨스요, 여자가 바람을 피우면 불륜이다. 남자가 외도하면 부인이 이해하고 참고 살지만, 여자가 외도하면 남편은 이혼을 요구한다. 남자가 파트너가 많으면 능력이 많은 것이지만, 여자가 파트너가 많으면 '화냥년' 이 된다.

남자가 부인이 죽은 후 6개월도 안돼서 재혼하면 그것은 자식을 키우는 것이 힘들어서 일 것이라 이해받지만 여자가 그러면 욕을 먹는다. 그런 이중의 잣대가 아직도 우리 뇌의 DNA 속에 자리 잡고 있다.

당연히 여자는 남자의 프러포즈에도 대범하게 대답 할 수가 없다. 만약 그렇게 행동하면 마치 끼가 많거나, 가벼워 보일까봐 걱정이 되기 때문이다. 그런 이유로 여자는 거절당할 것을 두려워 하는 것이다.

또한 여자는 성적으로도 남자처럼 금세 반응이 오지 않는다. 남자와 여자는 불과 물의 성질을 가지고 있기 때문이다. 남자는 불처럼 금세 뜨거워졌다가 금세 꺼져 버리고, 여자는 물처럼 서서히 뜨거워졌다가 서서히 식기 때문이다. 그래서 여자와 남자는 반응이 다르다. 육체적으로도 마찬가지다.

남자는 성적 자극에도 빨리 쉽게 반응을 한다. 금방 발기되고, 금방 흥분한다. 하지만 여자들은 성적 자극에도 반응이 느리다. 한참 애무를 해야 클리토리스에 피가 몰린다. 또한 남자는 흥분한 것을 숨길 수가 없다. 발기가 되면 바로 알 수 있기 때문이다. 하지만 여자들은 흥분해도 숨길 수가 있다. 절대로 본인 외에는 알 수가 없기 때문이다. 얼마든지 마음만 먹으면 흥분한 것처럼 속일 수가 있고, 흥분하지 않은 것처럼 행동할 수가 있다.

여자는 사회적으로도 천천히 반응하고 조신하라는 교육을 받았고, 육체적으로도 그렇게 반응한다. 따라서 남자와 여자는 시간차 공격을 해야 한다. 만약 여자가 남자 스타일로 진도를 나가면 항상 서로에게 상처를 준다. 남자는 여자가 자신을 사랑하지 않는다고 생각해 서운해 하고, 여자는 이제 뜨거워졌는데 남자의 흥미가 다른 데로 가버려 서운하다.

그래서 남녀의 결합이 쉽게 이루어지기 어려운가 보다. 만약 반응이 같다면 많은 사람과 결혼을 해야 하거나, 여러 사람과 눈이 맞아서 평생 파트너를 바꾸면서 사랑을 해야 할 텐데 그것이 어려우니까 평생 한 두 명밖에 사랑할 수 없나 보다.

큐피드가 화살을 아무한테나 쏘고, 서로 엇갈리게 한 것이 이런 남녀의 차이 때문인 것 같다. 그러면 어떻게 그것을 조절할 수 있을까? 100 미터 달리기를 상상해 보자. 이미 남자는 50 미터 앞에 서 있다. 여자는 50 미터 뒤에 처져 있다. 그러면 그 차이는 쉽게 줄어들지 않는다. 계속 진도를 나갈 수 없다. 무슨 말을 해도 들리지 않고, 서로 갈증만 더해 간다.

이럴 때 남자는 여자가 50미터 지점에 올 때까지 기다려 주면 된다. 여자는 남자의 배려에 고마워하고, 그때서야 어느 정도 몸이 뜨거워진다. 이 지점에 서야 남자는 여자와 같이 대화도 할 수 있고, 사랑도 할 수 있다. 절대로 남자들은 서두르지 말자. 여자가 뜨거워질 때까지 기다려야 한다. 남자는 여자를 좀 기다려 줘야 한다. slow slow slow....

8 남자들은 악녀를 좋아한다

남자는 왜 착한 여자보다 악녀(惡女)에게 끌릴까? 여자들 사이에 인기 있는 여자보다는 속으로 호박씨를 깔 것 같은 여자들이 남자들에게 인기가 많다. 왜 그럴까? 착한 부인을 두고 위험하고, 때론 남자를 파멸로 이끌 수도 있는 독버섯 같은 여자에게 남자는 눈을 떼지 못한다. 이른바 '치명적인 유혹' 이다.

마약이 안 좋은 줄 알면서, 담배가 안 좋고, 컴퓨터 게임에 중독되는 줄 알면서도 빠지는 것은 무슨 이유일까? 영국의 작가 오스카 와일드가 이렇게 말했다. "착한 여자는 지루하고, 악녀는 남자를 고민하게 한다." 우리 식으로 말하면 곰 같은 여자보다 여우 같은 여자가 더 좋다는 얘기다.

남자들은 새로운 것이나 자극적인 것을 좋아한다. 남자들은 시각적인 동물이다. 그래서 시각적인 자극을 주는 것에 관심이 많다. 짧은 치마를 보면서, 그 안을 상상하고 흥분한다. 아이스크림 먹는 여자를 보면서 오럴 섹스를 상상한다. 목이 파인 옷을 보면서 그 안에 들어있는 가슴을 상상한다. 남자들은 그렇게 상상에 약하고 쉽게 빠져든다.

남자들은 시각을 자극하는 여자들에게 호감을 갖는다. 자극적인 여자와 평범한 여자 중에 어떤 여자에게 더 호감을 보일까? 당연히 시각적으로 자극적인 여자다. 하지만 시각적인 자극의 방법에도 여러 가지가 있다. 남자들이 꼭 벗은 모습에만 집착하는 것은 아니다. 중국 음식점에 갔을 때 서빙하는 웨이트리스의 옆구리 터진 치마에 유혹을 느낀다.

보일 듯 말 듯한 모습, 알 듯 말 듯한 마음이 남자들을 감질나게 하는 대상이다. 너무 뻔한 태도나 마음으로는 남자를 결코 오랫동안 유혹하지 못한다. 그것은 쉽게 구한 물건처럼, 귀하게 느껴지지 않기 때문이다. 돈이든, 사랑이든, 학문이든, 지위든, 보석이든 어렵게 얻은 것이 사람을 흥분하게 하기 때문이다. 그래야 아끼고 귀하게 여긴다.

명품이란 것은 모든 사람들이 모두 가질 수 없기 때문에 명품이다. 쉽게 품을 수 있는 여자, 쉽게 구할 수 있는 것은 절대로 명품이 될 수 없다. 여자도 마찬가지다. 남자들이 쉽게 취할 수 없다고 느낄 때 명품이 되는 것이다. 돈이 있을 때 스스로 가장 쉽게 명품이 되는 방법은 명품을 몸에 걸치거나 지니는 것이다. 그래서 남자든 여자든 명품으로 몸을 치장하는 것이다.

차에서부터 집까지, 화장품에서부터 옷 신발까지 명품에 목말라 하는 이유가 여기에 있다. 하다못해 두부로 성공한 어떤 회사도 강남부터 공략을 시작했다고 한다. "이 두부는 비싸서 다른 사람은 사 먹을 수가 없습니다. 적어도 이 두부를 사 먹으려면 명품의 마음을 가지고 있어야 합니다."

결국 그 회사는 세계무대로 진출했다. 사람들에게 그런 마케팅이 먹힌다는 얘기다. 남자들은 착한 여자나 순진한 여자를 부인으로 맞아 들인다. 하지만 악녀가 출현하면 정신을 못 차리고 그 여자에게 빠져든다. 물론 악녀와 오래 관계가 지속될지는 미지수다. 그러나 성적 매력이 출중한 여인에게 남자들은 백기투항한다.

그래서 여자들은 자신의 성적 매력을 총동원해 남자에 접근하고, 그를 통해 자신의 다른 욕망을 충족한다. 요즘 젊은 여자나 남자의 종교는 '섹시함'이다. 모든 복장, 모든 몸매, 모든 콘셉트가 '섹스어필'이다. 그래서 섹시해 보인다는 것이 가장 큰 칭찬이 되었다.

그럼 성적인 매력은 어떻게 구할 것인가? 일단 여자는 잘록한 허리, 잘 정돈된 복근과 몸매, 하얀 피부와 치아, 그리고 섹시해 보이는 입술, 그리고 유머, 잘 조이는 질 근육과 분위기가 필요하다. 남자는 구릿빛 피부와 탄탄한

복근과 팔뚝, 튼튼해 보이는 다리, 잘 정돈된 치아, 섹시해 보이는 입술, 유머, 능력, 성적 테크닉이 필요하다. 그도 저도 없으면 내세울 만한 다른 것이 필요하다.

이것을 얻기 위해 남자나 여자는 매일 자기 몸을 가꾼다. 아니면 무언가를 얻기 위해 애를 쓴다. 그중 나이가 들면서 중요해 지는 것이 성적인 테크닉이다. 서로 배려해 주는 마음과 성감대 애무, 섹스의 다양한 테크닉이 중요하다.

또한 분위기를 성적으로 이끄는 매너 또한 중요하다. 한 번이라도 잊을 수 없는 성관계를 경험하면 절대 그 사람을 마음에서 지울 수 없다고 한다. 남자든, 여자든 마음을 녹이는 것이 중요하다. 그러기 위해선 분위기를 잡는 것이 중요한데, 스스로가 그런 분위기를 잡기 어려우면 술을 마시면서 마음을 풀 수 있는 장소를 찾아야 한다.

이런 것을 잘 하는 것이 선수다. 또한 악녀이다. 절대 대낮에 평상심으로는 사람들은 사랑에 빠질 수 없다. 여행을 하거나, 술을 마시거나, 일상에서 벗어나는 장소에 가야 마음이 느슨해진다. 누군가를 유혹하고 싶으면 일단 장소를 바꾸고, 마음이 여유로워지는 곳으로 분위기를 바꿔라. 누구든 매력적인 악녀가 될 수 있다.

9 잡은 고기에게는 먹이를 주지 않는다

남편이 나에게 귀에 못 박히게 하는 말이 있다. "잡은 고기에게는 먹이를 주지 않는다"는 얘기다. 아마도 그 이야기는 신혼 초부터 들은 것 같다. 그 때는 별로 대수롭지 않게 들었다. 하지만 결혼 10년차쯤 되니 그 말이 무슨 뜻인지 알겠다. 남성은 대체로 부인을 위해서 100 퍼센트의 노력을 하지 않는다는 말이다.

여자는 결혼 후에 참 외롭다. 남편이 아내의 감정을 돌보지 않고, 일도 도와주지 않으며, 자기 기분대로 하기 때문이다. 섹스에 있어서 특히 그렇다. 하고 싶은 날 하고, 하기 싫은 날 안 한다. 안 하고 싶은 이유도 다양하다. 피곤해서, 술에 취해서, 허리가 아파서, 다른 데 힘을 다 빼서, 스트레스 받아서, 기분 나빠서, 기분 좋아서, 가족끼리 그런 것 하는 것이 아니니까 등등.

결혼한 여자는 나이 먹을수록 섹스가 더 하고 싶어진다. 느낄 것 더 느끼고, 알 것 더 아니까 더 하고 싶어지는 것이다. 그런데 남편은 그럴수록 더 자기 맘대로 한다. 마치 자기가 하고 싶을 때 할 수 있고, 자기가 하고 싶지 않을 때 안 해도 되는 것처럼 여자의 감정을 무시한 채 한 달이고 두 달이고 안 하고도 산다.

여자는 관계를 갖고 싶은데 말을 하자니 자존심이 상하고 그렇다고 아무하고나 할 수 있는 것도 아니니 그냥 참고 산다. 그러면서 여기저기 아프기 시작한다. 대개 여자의 병 가운데 이유가 없는 것은 남편과의 섹스가 원활하지 않기 때문인 경우가 많다. 그럴 경우 대개 주사를 맞고 약을 먹지만 여전히 아프다. 검사를 하고 병원을 여기저기 다녀보지만 신경성이란 말만 듣는 경우가 대부분이다.

내 생각에는 그럴 경우 대부분 섹스가 특효다. 하지만 남편도 모르고 부인도 모른다. 괜히 보약 사먹고, 사우나하고, 경락받고, 건강식품 사먹고, 병원 가고, 여기저기 다니면서 쇼핑하고, 친구들끼리 모여서 수다를 떤다. 그러나 어떤 식으로도 그 외로움은 가시지 않는다. 그 허전함은 설명도 안 되고, 해갈도 안 된다.

당연히 남편의 사랑이 특효약이다. 하지만 어떻게 남편의 사랑을 받을까? 방법은 알 수 없고 남편은 여전히 회사 일만 열심히 하고, 잡은 고기에게는 절대로 먹이를 주지 않는다.

왜 그럴까? 고대의 남성들은 아침에 일어나면 사냥을 나갔다. 하루 종일 사냥 나가서 잡은 것으로 가족을 먹여 살렸다. 한 가지를 사냥하면 그 다음에는 당연히 다른 사냥감을 찾아다녔다. 절대로 이미 잡은 사냥감에는 신경을 쓰지 않았다. 절대로 사냥감이 달아나는 일은 없었으니까.

마찬가지로 부인도 절대로 달아나는 일은 없었다. 일부일처제 하에서 여자가 달아나는 일은 좀처럼 없었으니까. 여자는 사냥할 줄도 몰랐고, 경제적인 능력도 없었다. 남편이 잡아오는 사냥감이 없으면 먹고 살 수 없었다. 그래서 죽으나 사나 남편만 믿고 살았다. 그 버릇이 유전자에 남아 지금의 남자들도 잡은 고기에게 먹이를 주지 않는다.

그러나 세상이 달라지고 여자도 변했다. 도처에 여자를 유혹하는 너무나 많은 자극이 존재하고 경제적인 능력이 있는 여자는 적극적인 태도로 살아가고 있다. 남자와 동등한 태도로 남자를 바라보기 시작했다.

만약 남자들이 잡은 고기에 먹이를 주지 않으면 그 고기를 빼앗길 수도 있다. 옛날 우리 조상들은 맛있는 여자의 순서를 정했다.

일도(一盜) 제일 맛있는 여자는 훔쳐 먹은 여자이다. 즉 남의 여자, 친구의 여자, 옆집 여자, 임자 있는 여자가 제일 맛있다.

이랑(二郎) 두 번째로 맛있는 여자는 처녀이다. 즉 어린 여자, 처녀들이다.

삼비(三婢) 세 번째로 맛있는 여자는 노비, 아랫사람, 즉 비서, 제자, 후배, 직장 부하다.

사과(四寡) 네 번째는 과부, 상처한 여자, 이혼녀, 임자 없는 여자다.

오기(五妓) 다섯째는 기생, 돈 주고 사는 여자다.

육첩(六妾) 여섯째는 첩이나 애인이다.

칠처(七妻) 제일 맛없는 여자는 자기 부인이다.

하지만 여기서 남자들이 간과해서는 안 될 것이 있다. 자기 부인이 자기에게는 칠처이지만 친구에게는 일도이기 때문이다. 남자들이 자기가 잡은 고기에게 먹이를 안 줄 때 다른 사람이 굶주린 자기 부인에게 맛있는 것을 줘서 빼앗아 버릴 수도 있다.

요즘 일부 남성들은 왜 이혼율이 높아지는 지를 이해하지 못한다. 그 전처럼 마치 아버지, 할아버지 시절처럼 아내를 대하고 있다. 그러면 당장 가정이, 관계가 끝나게 되는 시절이 되었다. 원하든, 원하지 않든 세상이 빠른 속도로 변하고 남자와 여자들의 사고방식이 변하고 있다.

그 변화의 속도에 맞춰 생각이 변하지 않으면 자신에게 왜 이혼이 발생했는지도 모르고 이혼을 당할 수도 있다. 우리 엄마나 할머니는 참고 살았는데 왜 이 여자만 유별을 떠는지 이해하지 못한다. 여자를 잘 못 만났다고 신세 한탄만 하면서 자기에게 닥친 불행을 수용하지 못한 채 전전긍긍한다.

나는 처자식을 먹여 살리기 위해 열심히 일했는데, 부인은 배부른 소리만 한다고 생각하면 큰 일 난다. 돈만 가지고 살 수 있을 것 같지만 부인은 사랑도 받고 싶어 한다. 무슨 귀신 씨나락 까먹는 소리냐고 말하고 싶고 호강에 겨운 소리라고 하고 싶겠지만 사람은 밥만 먹고 사는 존재가 아니다.

이젠 남자들의 생각이 바뀌어야 한다. 잡은 고기도 다시 보고, 먹이 잘 주고, 앞으로 잡을 고기보다도 더 사랑해 주어야 한다. 돈 벌어 왔다고 큰소리만 치고 있다간 언제 불행이 닥칠지 모른다. 이젠 돈버는 것이 가장으로서의 의무완료라고 생각하면 오산이다.

21세기는 정보가 넘치는 시대다. TV, 인터넷, 잡지 등 여러 매체에서 다른 남자들이 여자에게 어떻게 하는지를 보여 준다. 잘 생기고, 젊고(또는 연하), 능력 있는 남자들이 여자들을 어떻게 대접해 주는지 보여 준다. 어떻게 하는 남자들이 이혼을 당하는지 보여 주고 가르쳐 준다.

손바닥으로 하늘을 가리는 시대는 이제 종말을 고했다. 너무나 많은 사람들의 삶을 우리는 엿보고 모방하게 되었다. 여자를 존중하고, 여자에게 잘 하는 남자들만이 살아남는 시대가 됐다. 당연히 여자들도 마찬가지이다. 남편을 존중하고 남편에게 잘 하는 여자만이 살아남는다.

절대로 무조건적인 사랑도, 헌신적인 사랑도 있을 수가 없다. 잘 하는 만큼 대접받는 시대다. 누가 먼저랄 것도 없다. 하지만 철저히 '기브 앤드 테이크'의 시대다. 사랑을 하나 주면, 하나 받는 시대인 것이다. 잡은 고기에게 먹이를 안 주면, 그 고기가 집을 나가든지, 굶어 죽어서 잡아 먹을 수가 없든지, 먹이를 주는 새로운 주인에게 가려고 할 것이다. 그 선택은 이제 각자가 해야 한다.

대단한 미인도 아니었던 영국 왕 에드워드 7세(1841~1910)의 정부였던 릴리 랭트리라는 여인이 있다. 그녀는 고독에 시달리는 권력자들의 취약점을 간파하고 수완 좋게 공략해 그들의 마음을 사로잡았다. 랭트리는 한번 맺은 남자들에게 연인이자 누이, 때로는 엄마처럼 매 순간 변신하며 정신을 차리지 못하게 했다.

사교계에서는 권력을 가진 남자의 이미지를 자신에게 덧씌우는 후광 효과까지 십분 이용함으로써 "귀족적이고 특별한 여자"라는 생각을 갖게 했다. '악녀' 의 특징은 상대방을 즐겁게 해주는 재능, 상대방이 빠지지 않고서는 배길 수 없는 매력에 있다. 단지 미모만으로는 지속적이고 강력하게 남자를 장악할 수 없다는 것이다.

클레오파트라 역시 알려진 만큼 미인이 아니었다는 속설이 있는데, 그녀는 상대를 지루하지 않게 하는 말솜씨와 재치를 최대의 무기로 이용했다. 19세기 파리를 중심으로 활약한 고급 창부들도 뛰어난 화술과 유희 재능, 패션 감각, 연기력 등을 구사하며 귀족, 대부호들을 매료시켰다. 또한 그녀들은 독특한 방식으로 성교육을 받았고 하체와 질 근육을 연마했다.

미국 맨해튼 대학 베시 프리올뢰 교수는 5년에 걸친 자료 수집과 분석, 집필을 통해 최고의 유혹녀로 평가되는 인물들의 공통점을 찾아냈다. 위대한 유혹녀는 일반적으로 생각하듯 금발도 아니었고, 섹시한 요부도 아니었으며, 예쁘게 치장하고 마치 노예처럼 집 안에 갇혀 지내는 정숙한 여자는 더욱 아니었다.

오히려 미에 대한 신화를 깨뜨리기라도 하듯 아름다운 용모와는 거리가 멀었다. 그들은 지성과 창의력과 담대함을 갖춘 모험가이자 지식인이었으며, 뛰어난 정치적 역량과 지혜를 겸비한 인생의 베테랑이었다.

그들은 연애 전략에서도 서로 매우 비슷했다. 그들은 플라톤 시대부터 오늘날에 이르기까지 시대를 초월해 변함없이 전수되어 온 정통적인 사랑의 기술을 구사했다. 그들은 두 가지 유혹의 기술, 즉 물리적 기술과 심리적 기술을 사용했다. 특히 그들의 주된 무기는 지성에 호소하는 정신적인 마법이었다. 탁월한 유혹녀들은 위로가 된다 싶으면 불안감을, 냉담하다 싶으면 황홀경을, 가깝게 느껴진다 싶으면 거리감을, 이보다 더한 쾌락은 없다 싶으면 고통을 안겨줌으로써 팽팽한 성적 긴장을 유지했다.

그들은 독수리의 발톱을 지녔던 선사시대 성애의 여신처럼 잔인한 모습을 보이기도 하고 또 동시에 따뜻한 모성애와 칭찬을 쏟아놓기도 했다. 그들은 삶과 죽음을 번갈아 제시함으로써 남성을 매혹했다. 여성해방 운동가들은 유혹이란 말을 추잡한 언어로 규정하고 유혹녀들을 노예근성을 지닌 철부지 여성들이라고 매도하지만, 남성들과 세상을 자기 발 아래 두고 지배했던 유혹녀들이야말로 최고의 여성해방주의자들일 수 있다.

'유혹의 기술' 은 하루아침에 성취할 수 없는 정교하고 복잡한 기술이다. 이 기술을 익히기 위해서는 헬스클럽에 가서 체력을 다지고 도서관과 연기교실, 차밍스쿨에 다니고, 성교육을 받고, 질 운동을 하고, 남성들의 정신세계를 정복하고, 항구적 충성심을 끌어낼 수 있는 지적인 능력을 개발해야 한다.

왜 남자들이 자신을 위해서 희생한 여자에게 매력을 못 느끼고 악녀에게 휘둘림을 당하는가. 남자들은 지루함을 잘 참지 못한다. 예견 가능한 상황에서는 여유를 부리고, 전혀 알 수 없는 상대에게는 불안함과 함께 매력을 느낀다. 그것이 남자들의 속성이다. 이제 곰보다는 여우를 더 좋아하는 남자의 심리를 알았다. 여우가 되기 위해서는 남자를 알아야 하고, 여우가 되는 훈련을 해야 한다.

10 고마운 상대와 좋은 상대는 다르다

왜 고마운 것과 좋은 것이 다를까? 내가 잘 풀지 못하는 수수께끼 중의 하나다. 난 엄마가 매우 고맙다. 평생 엄마는 나를 위해 기도해 주셨고, 나를 위해 희생해 주셨다. 지금의 나는 엄마가 있었기에 가능하다고도 할 수 있다. 그렇게 나를 위해 희생해 주신 엄마가 항상 고맙다.

하지만 엄마의 잔소리는 나를 너무 힘들게 한다. 예를 들어 엄마가 밥을 먹으라고 하는데, 내가 먹기 싫다고 하면 내가 먹을 때까지 내게 잔소리를 하신다. 엄마는 내 아이들에게도 머리를 감아야 할 때라고 생각이 되면 머리를 감을 때까지 5분 간격으로 계속 잔소리를 하셨다.

내가 몸무게가 많이 늘어서 살을 빼야겠다고 말을 하면, 살을 빼면 병원 문 닫아야 할 것처럼 얘기를 한다. 체력이 중요하지, 무슨 살이 쪘냐면서 절대로 살을 못 빼게 하면서 내 주위를 감시한다.

결국 나를 위하는 행동이라는 것이 엄마의 철학이다. 하지만 나와 애들과는 끊임없이 싸워야 한다. 내가 밥을 못 먹고 환자를 볼 때 엄마는 오후 3~4시쯤에 김밥과 우유를 진료실로 보내고, 내가 혈당이 높다고 하니까 매일 하루도 안 거르고 토마토주스를 갈아서 보낸다. 단 하루도 거르지 않고. 엄마가 아니면 아무도 할 수 없는 정성이다.

아무도 내가 점심을 먹었는지, 못 먹었는지 신경 쓰지 않는데 엄마만 신경을 써 준다. 하지만 또한 내가 하고 싶은 일을 못 하게 하고, 하기 싫은 행동을 엄마 방식으로 하라고 간섭을 한다.

남편과 부인의 관계도 비슷하지 않을까. 고맙다고 생각하는 것과 매력적인 것이 다르고 미안한 것과 좋아하는 것은 또 다르다. 엄마가 고맙고 엄마에게 미안하지만 엄마의 간섭이 너무나 싫다. 그냥 나를 내버려 두었으면 좋겠다. 적당한 선에서 대화하고, 적당한 선에서 애정을 표현하는 것이 좋다.

그런데 그 적당한 선이 어려운 것일까. 대부분 50대 이상의 부인은 남편이 외도를 했을 때 배신감을 느낀다. 올인하여 희생한 사랑에 대해 배신감을 느끼는 것이다. 하지만 남편의 입장은 다르다. 본인이 좋아해서 한 행동이지 언제 희생해 달라고 요구하거나 부탁했느냐고 반문한다.

즉 희생이라고 생각한 부인과, 본인의 자율적 행동이라고 생각한 남편의 입장 차이다. 대부분 남편이 부인에게 비는 체하면서 가정을 다시 꾸려 나간다. 즉 사랑은 사라지고 의무만 남아있는 남편은 다시 한번 인생에 다른 사랑이 찾아오면 그 사랑에 몰두한다.

하지만 부인은 엄마가 자식에게 하는 희생정신으로 남편을 대하기 때문에 절대로 사랑이 변하는 법이 없다. 부모가 자식 배신하는 것을 본 적이 있는가? 남편은 부인에게 고마움을 느낀다. 부모님에게 고마움을 느끼듯. 자식은 어느 정도 나이가 되면 부모에게서 독립하고 싶어진다. 부모의 사랑이 간섭으로 느껴지기 때문이다.

밤늦은 귀가를 허락하지 않고 외박은 더더욱 엄금이다. 이래라 저래라 잔소리만 해 대는데 할 일은 많고 재미있는 일은 주위에 널려 있고 술도 마시고 친구도 만나고 싶다. 남편도 마찬가지다. 부인에게서 독립하고 싶어 한다. 부인이 고맙지만 독립하고 싶어진다. 잔소리 없는 세상에 살고 싶어진다. 애들이 독립할 나이에 독립을 시키듯이, 남편도 어느 정도의 시기에 놓아 주어야 한다. 가정의 의무를 소홀히 하라는 뜻은 아니다. 다만 서로의 자유를 인정하고 자율성을 주라는 것이다.

하나하나 보고하게 하고, 하나하나 감시하고, 마치 초등학생 대하듯 잔소리 하지 말고 어른 대접을 해 주라는 얘기다. 주위에 조강지처를 버리고 외도하다가 결국 재혼까지 하는 남자들을 무수히 본다. 대부분 그 조강지처는 많은 고생을 하면서 남편이 어려웠던 시절부터 뒷바라지를 하고 학비를 대고 눈물과 함께 빵을 먹던 사람이다.

절대로 사람으로서는 그러면 안 되는데도 남자들은 멋진 여자와 재혼을 한다. 왜 그럴까? 그 남자는 인간만도 못해서 그럴까? 하지만 그 남자도 조강지처에게 미안하고 고마운 것은 안다. 하지만 고마운 것과 사랑하는 것이 달라서이다. 한때는 사랑했지만 지금은 허리띠를 졸라매면서 잔소리를 해 대는 부인이 싫은 것이다.

자기의 수준에 맞는 우아한 여자와 적당하게 인생을 즐기고 삶에 어느 정도 여유를 부리면서 살고 싶은 것이다. 하지만 부인은 여전히 어려웠던 시절의 얘기를 하면서 남편을 막 대하니 여유가 없고 삭막한 것이다.

자식이 사춘기를 지나서 대학에 가고 직장에 취직하고 가정을 꾸며서 부모가 되면 어른 대접을 해 주어야 한다. 부모 눈에는 자식을 둔 자식이어도 어린애처럼 보지만 당연히 자식은 그런 대접이 싫다.

병원 원장인 나를 엄마가 초등학생 취급을 할 때는 정말로 머리가 돌 지경이 돼 버린다. 마찬가지다. 남편의 사회적 지위는 높아가는데 부인은 항상 신혼 초를 생각해서 남편을 인정해 주지 않으면 남편은 정말로 곤란하다. 남자들이 출세하면 격에 맞는 여자에게 쉽게 무너지는 이유가 여기에 있다. 자기 부인은 남편을 종 부리듯 하는데, 사회적으로 성공한 여성이 자기를 존중해

주면 당연히 자존심이 높아지면서 부인과 비교하게 되는 것이다.

그래서 부인이 옛날 고생한 것에 고마워 하면서도 다른 곳으로 마음이 옮겨 가는 것이다. 부모는 자식이 자라면 그 자식을 인정해 주고 존중해 주어야 하고, 부인도 남편의 사회적 위치나 연륜에 따라 남편을 존중해 주고 인정해 주어야 한다. 그리고 또한 남편의 사회적 지위에 맞는 교양과 품위를 지니도록 노력해야 한다. 그러지 않으면 항상 남편은 유혹을 받게 되어 있다.

11 아내의 변신, 감동하는 남편

TV에 나오는 여자들은 섹시하다. 모두 배꼽을 내놓고 섹시한 춤을 추거나, 야시시한 옷을 입고 나온다. 패션쇼를 봐도 그렇고 광고를 봐도 그렇다. '나 맛있게 보이지?' 이것이 그들의 선전표어다.

그렇게 해야 TV프로가 인기가 있고 광고에서 매상이 오른다. 왜 핸드폰 광고에서 배꼽티를 입은 여자가 야한 춤을 춰야 한단 말인가? 도대체 핸드폰하고 무슨 상관이야? 우리는 이렇게 묻는다.

하지만 맥주나 소주 광고도 마찬가지다. 남자들의 시선은 그런 여자들에게서 눈을 떼지 못하고 침을 흘린다. "야, 맛있겠다" 그런 생각을 하고 있을 것이다. 그 눈빛만 봐도 느끼해서 화가 날 정도다. 하지만 한결같이 섹시하게 보이는 여자들이 가장 비싼 광고에 나오고 상한가를 친다.

그것을 아는데도 대부분의 여자들은 남편이 출근하기 전에는 화장도 안하고, 눈곱도 떼지 않은 얼굴로 남편을 배웅한다. 남편이 나가면 그때서야 샤워를 하고 화장을 한다. 또한 남편이 퇴근해서 돌아오기 전 화장을 지운 상태에서 남편을 맞이한다.

남편이 늦게 들어오는 날에는 빗으면 빗을수록 머리가 커지는 동네파마를 하고 머리가 눌린 상태로 남편을 맞거나, 아예 나와 보지도 않고 잠을 잔다. 왜 그럴까? 도대체 화장은 누구를 위해 하는 걸까? 그러고도 남편이 바람피울까봐 걱정만 하고 있어도 될까?

육영수 여사는 평생 남편에게 화장 안 한 얼굴을 보인 적이 없다고 한다. 항상 긴장하고 살았다는 얘기다. 화장은 단순히 화장의 의미만은 아닌 것 같다. 자신을 가꾸고, 남들에게 자신이 어떻게 비칠지를 항상 신경 쓴다는 의미다.

직장에 다니고 사회생활을 해서만이 아니라 스스로가 남편이나 다른 남자들에게 어떻게 보일지 신경을 쓰라는 얘기다. 남자들은 자기 여자가 섹시해 보이기를 원한다. 그래서 그 여자의 남자가 누구인지 궁금해 하고 부러움의 대상이 되기를 바란다.

그것은 남자들의 허영심이기도 하지만 당연히 여자들은 자기 남자를 위해서 화장을 해야 한다. 또한 섹시하게 보이도록 해야 한다.

모든 남자가 야한 것만을 좋아하지는 않는다. 정숙해 보이는 여자가 밤에 섹시하게 행동하는 것을 더 좋아하는 남자도 있고, 엄마처럼 포근한 여자를 좋아하기도 하고, 지적인 여자를 좋아하기도 한다. 하지만 공통점은 항상 자기 관리를 하는 여자여야 한다는 것이다.

남자가 예쁘다고 생각하는 것은 단순히 얼굴이 예쁜 것만을 의미하지 않는다. 화장을 한 단정한 얼굴, 가꿔진 몸매, 깔끔한 복장, 세련되어 보이는 태도, 남을 배려하는 말, 항상 관리를 하고 있는 듯한 느낌을 좋아한다.

이것은 여자도 마찬가지다. 여자도 멋진 남자를 좋아한다. 잘 관리된 몸매, 상큼한 향수 냄새, 깔끔하게 입은 옷, 상대를 배려하는 태도 말이다. 요즘은 투명 메이크업이 유행이다. 화장을 안 한 것처럼, 맨 얼굴 같은 수수해 보이는 얼굴이 유행이다.

하지만 그것이 더 어렵다는 것을 알아야 한다. 화장을 안 한 것처럼 보일 뿐 실제로 그 얼굴을 유지하기 위해 얼마나 관리를 해야 하는지 아는가? 매번 피부 관리를 해야 하고 자외선 차단제를 발라야 하고 피부에 잡티가 생기지 않게 여러 가지 박피를 해야 한다.

다만 마무리를 컴팩트가 아니라 파우더로 했기 때문에 투명해 보이는 것이다. 또 립스틱도 립글로스 위주로 발라서 투명해 보이는 것이다. 언젠가 신문에서 외국 영화배우를 본 적이 있었다. 그녀가 신경을 써서 관리를 한 경우와 살이 찌고 화장도 않고 머리도 산발한 경우를 비교해서 보여줬다. 그녀의 얼굴은 지옥과 천국만큼이나 차이가 있었다.

할렘에 사는 인생고에 찌든 여자와, 상류사회 귀공녀의 얼굴이 같은 지면에 찍혀 있었다. 여자는 이렇게 변신을 할 수 있구나, 여자의 변신은 무죄이구나 하는 생각이 들었다. 어떻게 이렇게 다를 수가 있을까. 그 여배우는 어떤 옷을 입고 어떻게 화장을 하느냐에 따라 할렘이 될 수도, 상류가 될 수도 있었다.

물론 그녀는 그녀의 역할을 잘 소화해내기 위해 일부러 살을 불리고, 화장을 않고, 머리를 산발했지만 그것이 보통 여자들이 집에서 보이는 모습이기도 하다. 즉 여자는 집에서 하녀도 왕비도 될 수 있다는 것이다.

왜 여자들이 남편을 위해서 화장을 해야 하는지 이제야 알았다. 하지만 실천이 쉽지 않다. 부지런해야 하고 항상 긴장해야 하기 때문이다. 하지만 남편을 위해서 노력하면서 사는 여자가 정말로 아름답다. 남편은 말로는 안 하지만 그것을 마음속으로, 본능적으로 바라고 있다. 여자가 보기에도 예쁜데 남자가 보기에는 얼마나 예뻐 보이겠는가. 이제 여자들은 다른 남자들을 위해서도 화장을 해야 하지만, 남편을 위해서 반드시 화장을 해야 한다. 육영수 여사처럼, 클레오파트라처럼, 양귀비처럼.

12 남편의 호기심은 무죄

아침 아홉 시에 진료가 시작되는데 어떤 부부가 여덟 시 반부터 기다리다 진찰실에 들어왔다. 그들은 매우 어색한 표정이었다. 남편이 간호원들에게 잠깐 자리를 피해 달라고 양해를 구했다. 그리고는 잠시 주저하더니, 내게 어떤 종이를 보여 주었다. 동그란 원 주위에 해바라기 씨 같은 것이 여덟 개 정도 박혀 있는 것을 그려서 보여주는 것이었다.

처음에는 그게 뭔지 한참 생각을 해야 했다. 그런데 어젯밤에 이걸 넣고 성관계를 했는데, 그게 안 나왔다는 것이다. 내 입 주위에 웃음이 번졌고 같이 온 아내는 매우 부끄러워하면서 "절대로 끼고 하지 말라고 했는데, 기어코 하더니 일을 저질렀다"고 말하는 것이었다.

진찰대에 올라가시라 얘기하니 남자는 슬그머니 진찰실에서 나가 버린다. 나는 그녀의 질 안에서 너무나 쉽게 링을 꺼냈다. 여자가 남편이 다시는 이런 짓 안하게 혼을 좀 내달라고 했다. 그래서 나는 이렇게 말해주었다. "남자의 호기심은 무죄다. 그런 호기심이 성생활에 활력이 되니 적극적으로 그 호기심을 북돋아주라"고. 그리고 그런 남자와 성생활을 하는 것이 큰 축복이라고 얘기해 주었다.

나는 아내에게 남편에 대한 나의 칭찬을 전해달라고 했다. 부인과 남편은 겸연쩍은 얼굴로 들어왔다가 행복한 얼굴로 돌아갔다. 산부인과 외래를 보다 보면 이런 일이 한두 달에 한 번 꼴은 있다. 이렇게 금방 오는 사람도 있지만, 아래에서 냄새가 난다고 해서 보면 너무나 오래되어서 썩은 냄새가 나고, 염증이 심해서도 온다.

아마 남자가 알아서 나오겠지 하고 생각하거나, 쑥스러워서 차일피일 미루다가 잊어버리거나, 술을 잔뜩 마시고 끼고 했는데 아침에 기억이 없었거나 잊어 버려서 시간이 지난 경우다.

어쨌든 이런 것이 질 안에 있었다고 하면 여자들은 경악한다. 왜 남자는 새로운 것을 하고 싶어 하는데 여자는 거부할까? 정말로 여자는 싫은 걸까? 내가 산부인과 의사이면서, 여자 입장에서 말을 하자면 아니다. 즉 싫지 않다. 하지만 싫은 체한다. 왜냐하면 나는 정숙한 여자이고 그렇게 배워왔으니까.

그런데 부인이 이렇게 싫다고 하면 남자가 다시 부인에게 이런 시도를 할까? 안 한다. 하고 싶어도 꾹 참거나, 적어도 부인에게는 안 한다. 그 호기심을 죽이다가 아예 호기심의 씨가 말라버리거나, 다른 쪽으로 호기심을 돌린다. 즉 다른 여자에게 하지만 부인에게는 안 하게 된다. 그러면 부부의 성생활이 재미있을까? 당연히 재미없다.

이 단순한 일이 부부생활에 미치는 영향은 크다. 그래서 이런 사건이 있을 때 여자는 남자를 꾸짖을 것이 아니라 "다음에는 꼭 미리 얘기하고 해" 하면서 콧소리를 내면서 말해야 한다. 그러면 너무나 멋진 밤이 매일 계속 될 수 있다.

날마다 같은 파트너에, 같은 체위로, 같은 장소에서 섹스를 하면 재미가 있을까? 그럴 때 뭐 좀 재미있는 것이 없을까 하면서 새로운 것을 찾는 남자의 호기심은 당연히 칭찬받아 마땅하다. 만약 부인이 그 호기심의 뿌리를 밟아 버리면 다시는 재미있는 섹스는 할 수가 없다. 매일 같은 밥에 같은 반찬만 먹고 살아야 한다.

그러니 지금부터라도 꺼진 호기심의 뿌리에 물을 주고, 햇볕을 쬐어 주고, 양분을 주면서 키워야 한다. 공부를 잘 하기 위해서는 학문에 대한 호기심이 있어야 한다. 또한 공부하는 것을 좋아해야 한다. 음식을 잘 하기 위해서는 음식에 대한 호기심이 있어야 한다. 또한 음식 만들기를 좋아해야 한다. 발명을 잘하기 위해서는 새로운 물건에 대한 호기심이 있어야 한다. 즉 무엇이든 잘 하기 위해서는 호기심이 있어야 한다는 말이다.

섹스를 잘 하려면, 당연히 섹스에 대해 호기심이 있어야 한다. 또한 섹스를 좋아해야 한다. 당연히 남자는 여자보다 섹스에 대해 관심이 많다. 남자들은 포르노 보는 것을 좋아하고, 섹스용품에 대해서도 훨씬 관심이 많다. 또한 비아그라 먹는 것을 좋아하고, 정력에 좋다는 음식 먹기를 좋아한다. 여러 명의 여자에게도 관심이 많고, 많은 여자와 좋은 관계를 유지하고 싶어 한다.

하지만 여자는 남자보다 섹스에 관심이 적다. 포르노 보는 것을 싫어하고, 자위행위 하는 것도 남자만큼 좋아하지는 않는다. 또한 많은 남자에게 관심이 없고, 많은 남자와 좋은 관계를 유지하는 것도 별로 좋아하지 않는다. 당연히 섹스용품에도 남자만큼 관심이 있는 것 같지 않다.

남자들은 섹스에 좋다고 하면 뭐든지 한다. 혐오음식처럼 보이는 것들도 모두 먹는다. 영양탕, 해구신, 웅담, 비아그라, 레비트라, 시알리스, 마카, 누에그라 등. 또 몸에 좋다고 하는 것도 모두 한다. 여자들은 조심조심 하는 것을 남자들은 일단 먹어보고, 일단 해 본다. 아파트에서 어떤 집이 정력에 좋다고 얘기하면 그 아파트의 약국이나 식품점에 있는 그 약이나 음식이 동이 난다고 한다.

비아그라가 나오기 전에는 보약이 무척이나 잘 팔렸다. 하지만 비아그라가 나온 다음에는 보약이 반밖에 안 팔린다고 한다. 그렇다면 보약은 그동안 남자의 정력제로 사용됐다는 말이 된다. 사업하는 남자들이 가장 좋아하는 선물 1위가 비아그라이고, 비아그라를 선물로 받으면 모든 남자들은 좋아한다. 그것이 필요가 있든, 필요가 없든 간에.

수많은 영웅들이 살다갔다. 미인계에 넘어가지 않은 영웅들은 별로 없다. 열이면 열, 모두 넘어가는 이유도 남자들의 호기심 때문이다. 저 여자는 어떤 맛일까? 궁금한 것이다. 맛이 있으면 있는 대로, 없으면 없는 대로, 열 여자에 열 가지 맛이 있기 때문에 열 여자 싫다고 하는 남자가 없다는 말이 있다.

그런 남자들의 호기심이 부인을 행복하게 해 주기도 한다. 호기심이 없는 남자는 부인에게도 호기심이 없다. 그래서 사는 재미가 없다. 하지만 호기심이 많은 남자는 부인에게 행복을 주지만, 부인을 항상 불안하게 한다. 그 호기심이 어떻게 발동할지 모르기 때문이다.

하지만 남자들은 여자보다 호기심이 많다. 그래서 여러 가지 체위와 여러 가지 것들을 많이 해보길 원한다. 그런 남편의 호기심을 꾸짖는다면 절대로 그 호기심을 부인을 위해서 쓰지 않을 것이다. 다른 곳에서 다른 식으로 표출될 것이다. 그러니 부인은 남편의 호기심을 너무 나무라지 않길 나는 바란다.

13 남과 여, 섹스기관의 메커니즘이 다르다

남자는 성적 충동이 일어나면 테스토스테론이 분비된다. 이 호르몬은 남자들에게 공격적인 호르몬이어서 사냥을 하고 먹이를 잡는 능력을 키워준다. 성공, 성취, 경계심을 불러일으켜 공격자를 물리치며 삶의 의지를 강하게 하고, 근육을 키워주고 신체에 활력을 주어 모든 활동에서 용기와 투쟁력을 길러주고 장시간 정신집중을 하게 하는 생산적인 호르몬이다.

여자는 에스트로겐이라는 여성호르몬이 분비된다. 만족과 평안의 느낌을 주며 아기를 키우는데 인내와 관용을 베풀고 여성의 아름다움을 지켜나가는 중요한 호르몬이다. 여자는 월경 주기에 따라 호르몬 분비가 변한다. 섹스를 즐기기 위해서는 편안한 마음과 조용한 환경 등 친밀함과 사랑을 느낄 때 성충동이 서서히 일어난다.

여자가 쉽게 성충동이 일어나지 않게 태어난 것은 임신과 양육기간이 길기 때문에 새끼를 보호하기 위한 체질이 진화했기 때문이다. 즉 진화론적으로 남자는 시간과 장소만 있으면 섹스가 가능하나 여자는 특별한 이유가 있어야 섹스가 가능한 것이다.

남자의 가장 중요한 부분은 페니스다. '남자=페니스' 라고 생각될 정도로 남자에겐 가장 중요한 부위다. 페니스에는 수많은 신경이 분포되어 있어서 아주 민감하다. 특히 귀두(끝 부위), 소변이 나오는 구멍 근처, 음경과 귀두 사이에 융기 된 부위, 페니스의 밑 부분에서 귀두까지 뻗은 소대가 있는데 이 부분이 가장 예민하다.

이 부위를 터치해 주거나 오럴 섹스 해주면 남성들은 아주 행복감을 느끼게 된다. 남성들은 생각도 단순하지만 성감대도 참 단순하다. 남자에게 사랑 받고 싶다면 이 부위를 집중 공격하면 된다. 그러면 절대 남편이나 애인을 다른 사람에게 뺏기지 않을 것이다.

요즘은 남성들 못지않게 여성들도 페니스의 크기에 상당한 관심을 갖고 있다. 성기가 남자의 혼수품이니, 결혼의 조건이니 하는 말들이 나오는걸 보면 웃어넘길 일만은 아니다. 성인 남성 페니스의 길이는 약 10 센티미터로 치골(뼈)에서 페니스 끝까지의 길이인데 이는 평균 수치일 뿐이다.

사람에 따라 보다 길거나, 짧을 수 있다. 비공식 세계기록을 보면 길이 35.5 센티미터, 지름 7.5 센티미터로 되어 있다. 그런데 발기를 하게 되면 짧은 사람의 팽창률이 더 커지고, 긴 사람의 팽창률이 적어 길이 차이가 적어진다. 그래서 다른 사람과 차이가 별로 없게 된다.

하지만 평소에는 발기가 안 되는 것만 보게 되고 소변 볼 때마다, 목욕탕 갈 때 마다 남과 비교해서 열등감을 갖기도 하는데, 그 이유는 자신의 것은 위에서 아래로 보기 때문에 실제 길이보다 75 퍼센트 적게 보이게 되고 남의 것은 옆에서 사선으로 보기 때문에 더 길어 보일 수 있다.

그러니 남성분들 너무 기죽지 않길 바란다. 성교 시 페니스가 발기 되어 있을 때 평균 길이가 12.5~17.5 센티미터 정도 되는데 모든 남성을 비교 했을 시에 길이에는 별 차이가 없고, 여자를 만족 시키는 데는 발기 했을 때 6센티미터 정도만 되면 충분하다. 하지만 크기 때문에 열등감에서 헤어나지 못하는 사람은 수술하는 방법도 있다.

남성의 중심이 페니스라면 여성의 중심은 클리토리스라고 말 할 수 있다. 클리토리스는 아무리 강조해도 지나침이 없다. 클리토리스는 0.5~0.8 센티미터 완두콩 정도의 작은 기관으로, 소음순의 윗부분에서 합쳐진 부분의 바로 밑에 있다. 피부의 겹친 부위가 가볍게 밀어 올려졌을 때만 볼 수 있다.

클리토리스의 축에 해당하는 음핵체는 치골부분을 향하여 체내로 이어져 있어 잘 볼 수 없다. 클리토리스는 페니스처럼 자극에 대해 매우 민감하고 성적 흥분에 따라 어느 정도 팽창한다. 음핵의 크기는 작지만 남성의 거대한 음경과 같은 수의 신경다발을 가지고 있어 매우 민감하기 때문에 음핵 귀두와 몸통에 직접 접촉하거나 강한 자극을 주면 불쾌감을 느끼거나 통증을 호소하는 여성도 적지 않다.

음핵은 여성이 오르가슴을 얻는데 결정적인 역할을 하는 일급 성감대다. 클리토리스의 유일한 기능이자 중요한 기능은 성적 자극을 수행하는 성감대라는 것이다. 남자들이 오럴 섹스를 해주거나 애무 시 중점적으로 터치할 부분이다.

클리토리스를 자극 해주어야만 오르가슴을 느낀다는 여성이 많은데 꼭 남성이 자극해야 한다는 법은 없다. 섹스 중에 여성 자신이 자극을 주면 극도의 오르가슴을 맛볼 수 있는데 이런 능동적인 여성의 자세는 부끄러운 것이 아니니 한번 시도해 보기 바란다.

선천적으로 음핵(클리토리스)이 소음순 조직으로 덮인 사람은 관계 시 음핵이 자극받지 못해 평생 오르가슴을 느끼지 못하게 된다. 성감을 높이기 위한 여성 포경수술은 음핵을 덮고 있는 조직을 자르고 꿰매주는 것이다.

성관계를 시작한지 1~2년 후에도 성적쾌감이 없으면 수술을 받아 행복한 성생활을 즐길 수 있다. 질 안의 요도 아래 쪽에 오르가슴의 방아쇠로서 기능을 하는 특정구역이 있는데, 이것을 G스폿(G-spot, 속방아쇠)이라 한다. G

스폿은 질 입구에서 2~3 센티미터 안쪽의 질 앞 벽에 있다. 가운데 손가락을 열두 시 방향으로 가볍게 질에 삽입해서 약간 굽히면 손가락의 손바닥이 닿는 부위이다.

G스폿을 발견하기에 가장 적당한 시기는 여성의 오르가슴 직후이고 그 다음으로는 오르가슴에 접근해 있을 때다. 이것은 작은 융기나 혹처럼 느껴지는데 우리나라 50원짜리 동전 크기(지름 약 1.8 센티미터)이고, 이 곳을 자극해서 액체가 나오는 사정변사가 있다는 것을 독일의 그레펜베르크(Ernest Graefenberg)라는 산부인과 의사가 1950년대 처음으로 발견했다.

여성의 약 30 퍼센트에서 발견되고, 남성의 전립선과 유사한 구조로 여성이 사정을 한다고 할 때는 이 G스폿에서 나오는 것이다. 이때 나오는 윤활액의 양은 성감도가 높은 여성일수록 많은데 사정 반응을 수반하는 여성은 그만큼 오르가슴을 느끼기 쉬운 복 많은 여성이다.

이 부위에 구슬을 넣어서 황제를 유혹하고, 즐겁게 한 인류 역사상 가장 명기인 양귀비가 있었다. 그래서 지금도 그 부위에 구슬이나 콜라겐을 넣는 수술을 양귀비 수술이라고 하고, 남자를 유혹하거나 성기능을 높일 목적으로 하고 있다.

남성의 음경 귀두와 여성의 음핵 귀두는 상동기관이다. 그래서 남성이나 여성이 모두 귀두와 음핵을 자극하면 오르가슴에 오를 수가 있고, 남자의 전립선과 여성의 G스폿은 상동기관이기 때문에 흥분을 하게 되면 이 부위에서 물이 나오게 된다. 남자나 여자가 자신의 파트너의 성기를 자극할 때 이들 유사성을 기억해야 한다.

그것은 당신 파트너의 어디가 민감하고 그 민감성을 어떻게 느끼는가를 이해하는데 도움을 준다. 음경 귀두와 음핵 귀두 간의 유사성은 100 퍼센트 오르가슴을 느끼는 남성과 그렇지 못한 여성의 차이를 설명해준다. 남성의 음경을 여성의 질 안에 삽입해서 성교 운동을 할 때 남성은 그의 민감한 음경 귀두가 직접 자극되지만 여성은 음핵이 직접 자극되지 않고 간접적으로만 자극되기 때문이다. 그래서 성교 도중 남성의 손이나, 여성의 손으로 음핵을 동시에 직접 자극하는 것이 필요하다.

부부의 성생활에 대해 불만을 가진 여성들이 늘고 있다. 이제는 남자가 일방적으로 자신의 방식으로 사랑을 하는 것을 여자가 이해하는 시대가 아니다. 훌륭한 사랑을 나누기 위해서는 아내의 마음이 무엇보다 중요하다. 여성의 몸이 남성을 받아들이기까지 걸리는 시간이 있는데, 이러한 사랑의 행위를 전희라고 한다. 부부는 경험을 통해 자신들에게 알맞은 전희의 기술을 터득해야 한다.

중요한 것은 여자는 남자로부터 사랑과 귀여움을 받고 있다는 부드러운 감정을 전달받지 못하면 섹스의 충동이 일어나지 않는다는 것이다. 중년기의 남자는 예전처럼 시각적인 자극이나 생각만으로 쉽게 성적으로 흥분되지 않는다. 이때가 되면 여자만 전희가 필요한 것이 아니고 남자에게도 전희가 필요하다.

부부는 나이가 들면 섹스 습관의 변화가 필요하다. 남자와 여자는 당연히 다르다. 이렇게 다름을 인정하면서 서로 조율해 가는 노력이 있어야 한다. 왜 저 사람은 나랑 다르지 하면서 고민한다고 답은 나오지 않는다. 서로 같다면 왜 결혼을 하겠는가? 무슨 재미가 있겠는가? 서로 다른 성욕과 서로 다른 구조를 인정하고 맞추어 가는 지혜가 필요하다.

14 긴자꾸는 존재하는가

일제 시대에 국일관이란 술집에 '긴자꾸' 란 별명을 가진 기생이 있었다. 그녀와 하룻밤을 보내기 위해 남자들이 줄을 섰다. 그녀의 명성과 인기는 끝이 없었다. 하지만 그녀는 자존심이 강했다. 돈을 준다고 아무하고나 잠을 자지는 않았다.

어느 날 한 사나이가 긴자꾸와 자 보려 시도했다. 하지만 그녀는 호락호락하게 굴지 않았고, 그는 술기운에 화가 나서 그녀의 뺨을 때렸다. 그날 밤 그녀는 죽어버렸다. 종로경찰서에 가서 그는 조서를 써야 했다. 하지만 사인은 심장마비였다. 그 후로 그녀의 명성을 들은 국립과학수사연구소에서는 그녀의 질을 해부했다.

그녀는 다른 여자와 다른 질을 가지고 있었다. 그녀는 섹스도중 흥분하게 되면 질이 심하게 수축하는 '질 경련증' 을 갖고 있었는데, 의학 용어로 바지니스무스(Vaginismus)라고 한다. 이것이 상대 남자들의 남성을 물고 놓지 않았기에 그들을 미치게 만들었던 것이다. 그것은 일종의 질환이었는데 그녀가 남자의 성기를 적당히 조이면 남자들이 사족을 못 쓴다는 것이었다. 그래서 그녀와 모두 하룻밤을 지내보려고 했던 것이다.

그렇다면 그 병이 그녀에게만 있는 질환일

까? 아니다. 그것은 다른 여자들에게도 있는 질환이다. 하지만 그녀에게는 독특한 방식으로 발현이 된 것이고, 남자들에게는 독특한 경험이 된 것이다. 그렇다면 그것을 재현하거나, 다른 사람이 따라서 해 볼 수 있을까? 가능하다. 즉 질을 인위적으로 단련시키는 것이다. 어떤 술집이든 가장 인기 있는 여자가 있다. 다른 여자들이 팁을 5만 원 받을 때 10만 원, 20만 원 받는 여자가 있다. 유독 남자들이 자주 찾는 여자가 있고, 그녀 때문에 술집이 잘 되는 이유가 된다.

그녀들의 비결은 무엇일까? 한때 미아리 텍사스촌에 쇼하는 여자들이 있었다. 여러 가지 묘기를 부렸는데 동전을 질 안에 넣어서 사람들이 부르는 갯수만큼 떨어뜨렸다. 3개하면 3개를, 5개하면 5개를 떨어뜨렸다. 또 질로 콜라도 따고, 바나나도 자르고, 화살촉으로 풍선도 터뜨리고.

어떻게 그게 가능할까? 보통 남자들의 성기 크기를 재면 그 두께가 엄지와 중지를 동그랗게 말았을 때의 두께 정도가 된다. 분만한 여자들은 질의 넓이가 심하면 그 두 배만큼 넓어진다. 또한 여자 질의 압력을 재면(혈압처럼 질압을 재는 기계가 있다) 보통 70 mmHg정도 되어야 하는데, 0~10 mmHg 밖에 안 되는 여자들도 있다.

명기가 되려면 질압이 70이상 100까지도 되어야 한다. 즉 긴자꾸는 이렇게 질압이 높으면서, 질의 넓이가 좁아 남자의 성기가 들어오면 꼭 맞고, 꼭 조여 줘야 한다는 것이다. 그렇다면 모든 여자의 질을 이렇게 조이게 만들 수 있을까? 가능하다. 마치 남자들이 헬스클럽에 가서 복근을 만들고, 하체를 단련시키듯 단련을 하면 가능해 진다. 남자들이 푸샵을 하는 이유도 실은 피스톤 운동을 할 때 오래 버티기 위해서다. 여자들도 하체를 단련시키고, 질을 훈련시켜서, 질압을 높여 조이는 힘을 강화할 수 있다는 것이다.

마치 변을 자르듯이 남자의 성기를 부드럽게 잘라 주는 힘을 키울 수 있다는 것이다. 한번 남자들이 이 맛에 길들여지면 절대로 그 여자를 벗어날 수 없다는 것이고, 그녀와 헤어지더라도 잊을 수 없다는 것이다.

옛날 우리 기생들은 어떻게 훈련시켰을까? 낮에는 시와 음악, 춤을 가르치고, 맵시 있는 몸매를 가꾸게 하고, 논어와 사서삼경을 읽어서 대화를 할 수 있게 만들고, 붓글씨를 쓰거나 난을 그리게 하고, 그리고 가장 중요한 질 운동을 시켰다.

그럼 질 운동을 어떻게 시켰을까? 하루 종일 방에 조약돌이나 바둑돌을 놓고 그것을 질로 집게 했다. 그렇게 몇 개월 훈련시키면 질압이 높아져서 명기가 되는 것이다. 비슷한 원리로 지금도 명기를 만들 수 있다. 케겔 운동이 그것이다. 질에 조약돌이나 바둑돌과 비슷한 콘을 넣는다. 넣고 빼기 쉽게 줄이 달려 있다. 그것을 질에 넣고 조이는 것이다. 물론 시작하기 전에 질압을 측정해 본다. 그리고는 운동 중간 중간에 질압을 측정해서 질압이 높아지는 지를 보는 것이다.

그리고 필요할 때 힘을 주고, 필요할 때 힘을 빼는 단련을 한다. 그렇게 3~6개월 정도 단련하면 모든 여성이 명기가 될 수 있다. 그러면 우리나라는 이혼율이 지금보다 더 낮아지고, 모든 가정에 웃음꽃이 피고, 밤 아홉 시만 되면 불이 꺼져서 전기도 절약하게 되는 행복한 나라가 되지 않을까!

15 잃어야 깨닫는 이유

가끔 집에 단수가 된다. 그때는 욕조에 물을 받아 두었다가 아껴서 물을 쓰게 된다. 컵에 물을 받아서 이도 헹구고, 머리를 감을 때도, 세수를 하거나, 손을 씻을 때도 물을 아끼게 된다. 그리고 앞으로는 물을 아껴 써야지 하고 생각한다. 하지만 또 물이 잘 나오게 되면 그 생각은 어디론가 가 버리고 평소의 버릇대로 하게 된다.

러닝머신 위에서 뛰거나 등산을 하게 되면 숨이 차고, 그때야 산소의 고마움을 느끼게 된다. 남편이나 부인이 며칠간 없을 때 각자는 뭔가 부족함을 느끼게 되고 그 사람의 빈 자리를 깨닫게 된다. 부모님이 편찮으실 때야 비로소 그동안 좀 잘 해 드릴 걸 하고 후회를 하게 된다.

이렇게 사람들은 잃거나, 잃을지도 모르는 상황이 되어야 비로소 그것의 가치를 알게 되고 후회한다. 왜 인간은 항상 뒤늦은 후회를 할까? 사후약방문이 되지 않게 행동할 수는 없을까? 사랑하는 사람도 마찬가지다. 자식도 부모도 마찬가지다. 자기 직업에서 최고가 되면 금방 건방을 떨게 된다. 그 자리에서 밀려나야 깨닫게 된다.

장사가 잘 되면 금방 나태하게 행동하고, 손님이 떨어져야 그때 후회하게 된다. 모두 사후약방문이 되어 버린다. 항상 초심으로 열심히, 귀하게 대하면 그 자리를 유지하고, 그 사람을 잃지 않을 수 있는데 그것이 그렇게 안 된다. 금방 개구리, 올챙이 시절을 잊어버린다.

모든 역사를 보면 항상 이렇게 초심을 잃어서 나라가 망하고, 권력을 잃고, 목숨을 잃는다. 항상 초심으로 열심히 하면 조금 더 유지할 수 있었을 텐데 하는 미련이 있다. 우리 인간은 이렇게 쉬운 진리를 항상 잊어버리는 경향이 있다.

혹시 일이 잘 안 풀릴때 이런 생각을 해 보자. 지금 내가 초심을 유지하고 있는가. 초심으로 돌아가자. 처음 출근할 때의 떨림과 긴장감으로, 그때의 결심으로 돌아가자. 처음 사랑을 느꼈을 때의 마음으로 돌아가자. 처음 아이를 낳았을 때의 마음으로 돌아가자. 마치 내일이 마지막 날인 것처럼 생각하고 열심히 살자. 그러면 일분일초가 얼마나 아깝고 고맙겠는가.

산부인과에는 남편의 외도 때문에 고민하며 찾아오는 여성들이 많다. 그 여성들은 마음이 너무나 아프다며 찾아온다. 평생 남편만을 위해서 살았는데, 배신감을 느낀다는 것이다. 하지만 남편들이 꼭 이혼을 하겠다는 것은 아니다. 단지 호기심으로 외도를 하는 경우가 많다.

옛날에는 남편의 외도를 부인이 용서해 주는 분위기였다. 하지만 점점 이혼으로 가는 분위기다. 이렇게 호기심으로 시작한 외도가 이혼까지 가게 되면 그때서야 남편은 깨닫는다. 부인이 얼마나 소중하고 가정이 얼마나 중요한지를. 그리고 뒤늦게 후회하고 반성하지만 경제적인 능력이 되는 여성들은 이제 더 이상 남편을 용서하지 않는다.

호기심이 부른 외도가 이혼사유의 상당 부분을 차지한다. 맞벌이가 많기 때문에 여성들에게도 이런 호기심의 유혹은 참 많다. 하지만 잘 생각해 보아야 한다. 호기심을 담보로 가정을 잃어도 되는지에 대해서. 잃고 나서 뒤늦게 가정과 배우자의 고마움을 깨닫는 것은 너무도 뼈아픈 손실이다.

모든 인간관계는 '기브 앤드 테이크' 이다. 주는 것이 있어야 받는 것이 있는 것이다. 일방적인 관계는 절대로 오래 갈 수 없다. 만약에 부부관계에 문제가 있다면 생각을 해 보라. 내가 초심에서 얼마나 벗어났는가? 내가 상대방이라면 지금 어떤 기분일까? 그러면 정답은 저절로 찾을 수 있다.

16 남자든 여자든 예쁜 사람이 좋다

난 의대를 다닐 때도, 사회에 나와서도 내가 왜 남자들에게 인기가 없는지를 몰랐다. 세상은 열심히만 살면 된다고 생각하며 살았다. 내 주위에 시집을 잘 간 여자들은 평소에 멋을 많이 부린 애들이었고, 난 그 애들이 참 천박하다고 비웃었다.

그런데 그게 아니었다. 그것은 그 친구들의 경쟁력이며 무기였다. 즉, 내가 피부미용에 대해 신경 쓰면서 느낀 것은 외모가 경쟁력이라는 것이다. 예전에는 여자만 외모에 신경을 썼다. 하지만 요사이는 여자 못지않게 남자들도 외모에 신경을 쓴다는 것이다.

그렇게 잘 생긴 수컷들이 훨씬 암컷에게 호감을 주고, 자기가 원하는 암컷을 손에 쥘 수 있다는 것을 동물의 세계를 보고 알았다. 그리고 그것이 인간이라는 동물의 세계에도 통용된다는 것을 느낀다. 우리 병원에는 종종 남성들이 지방흡입술을 하고 눈 밑 주름이나 이마 주름을 제거하는 수술을 받으러 온다. 이젠 남자도 여자들처럼 파운데이션을 바른다. 꽃을 든 남자가 바로 그런 개념의 제품이다.

잡티를 감추겠다는 발상으로 남자도 메이크업을 하기 시작했다. 군인이나 경찰들은 이제 뚱뚱하면 진급에서 누락된다고 한다. 아예 면접에서 떨어질 수도 있다. 여자들에게 통용되는 보이지 않는 불문율이 있다. 예쁘면 약간 잘못해도 용서가 되지만 못생긴 여자가 잘못하면 바로 "용서할 수 없다"며 핀잔을 듣게 된다는 것이다. 여자든 남자든 기를 쓰고 외모, 몸매 등에 신경 쓸 수밖에 없는 세상이 온 것 같다.

미국에도 뚱뚱한 사람은 하이클래스에 잘 끼워주지 않는다고 한다. 자기관리도 못하는 사람과는 안 사귀겠다는 것이다. 우리나라에도 강남에 가면 아줌마 옷인데도 77 사이즈는 없다. 강남에 사는 아줌마는 66이상을 입지 않는다는 속설이 있다.

선진국일수록 뚱뚱한 사람은 경쟁력에서 밀린다. 다만 후진국에서만 살찐 것이 부의 상징으로 생각된다. 예전엔 얼굴을 보고 인상이 어쨌다거나, 팔자가 어쩌겠다고 얘기했다. 하지만 지금은 그런 것이 다 고쳐진다. 팔자도 인상도 고칠 수 있다. 약간의 신경을 쓰면 된다.

빵덕어미처럼 보이는 인상은 광대뼈가 나와서 그렇게 보인다. 연극을 할 때나 영화배우를 뽑을 때 광대뼈가 도드라진 사람을 그 역할로 뽑는다. 이런 인상을 가진 사람은 자기 지방을 뽑아서 넣어 주거나 필러를 넣으면 간단히 교정이 된다.

우울증의 심벌인 베라구스폴드(양미간의 오메가 사인)도 또한 마찬가지 방법으로 고칠 수 있다. 섹시해 보이도록 입술을 도톰하게 만들 수 있고, 귀엽게 보이도록 간단하게 보조개를 만들 수 있다. 복이 없어 보이는 것도 안면 윤곽을 바꿈으로써 복이 있는 얼굴 형태로 변형할 수 있다.

특히 나이가 들어 보이거나 가난해 보이는 인상 중에 팔자 주름이나 양볼 살이 빠진 사람이 많다. 이럴 때도 역시 교정이 가능하다. 우리나라의 한 전직 대통령도 이마에 필러를 넣고, 쌍꺼풀 수술도 하지 않던가.

인상이 좋아 보이면 여러 가지 좋은 점이 많다. 사람들에게 호감을 주고, 그것 때문에 일도 잘 풀리고, 그러면 자기 인생도 펴질 수 있다. 일이 잘 안 풀리면 인상을 바꿔 보는 것도 좋은 방법이다. 인상이 좋아 보이면 모든 것이 잘 풀릴 수 있기 때문이다.

대충 살았는데, 지금 보니 말로 설명이 안 되는 불문율이 많았다. 예쁜 여자가 특권을 누리는 세상이 계속되는 한 아마 성형은 계속 될 것 같다. 남편은 부인이 성형을 하겠다고 하면 괜찮다고 말을 한다. 내가 괜찮다고 하는데 네가 왜 신경을 쓰느냐고 말을 한다. 하지만 절대로 모임에 데려가지 않는다.

남들이 보기에 멋있어 보이는 부인일 경우는 열심히 모임에 데려간다. 즉 말로는 괜찮다고 하면서 부인이 예쁘고 멋있기를 바란다.

하지만 부인들은 집에서 남편을 위해서 화장도 안 하고, 긴장도 안 하고, 예쁜 옷도 입지 않는다. 남편이 밖에 나가서 만나는 여자들은 멋지게 화장도 하고, 멋진 몸매도 뽐내는데. 그러면서 남편이 바람이 났다느니, 부인에게 애정을 쏟지 않는다느니 불평을 한다. 그 답은 부인이 알고 있다. 노력해야 한다. 기왕이면 다홍치마고, 보기 좋은 떡이 먹기도 좋다고 했다. 남자든 여자든 예쁜 사람이 좋다. 노력하면 예뻐지니 태어날 때부터 안 예뻤다고 고민할 것이 없다. 나도 이 얼굴이 노력해서 많이 예뻐진 거다.

17 원죄의식

어렸을 때 너새니얼 호손의 〈주홍글씨〉를 읽으면서 원죄가 무엇인지 잠시 생각한 적이 있었다. 옛날에는 피임 방법도 별로 없었고, 모든 문화가 남성위주로 되어 있었다. 임신을 해서는 안 되는 상황에서 임신을 하게 되면 바로 눈에 띄었고, 그러면 바로 돌팔매질을 당하든지, 화형당하든지, 멍석말이를 당하든지, 그것도 아니면 자살을 해야 했다. 그것도 아니면 아무도 모르는 곳으로 도망가서 평생 노예나 화전민으로 살아야 했을 것이다.

평생의 업으로 가슴에 죄책감을 가지고 살아야 했다. 지금처럼 피임 방법이 발달했더라면 좋았을 텐데. 그래서 피임약이 인간이 발명한 가장 위대한 발명품 중의 하나라고 한다. 피임약이 나오면서 여성해방운동이 가능했다고 한다. 성적으로 자유롭고, 본인이 원할 때 임신을 하고, 원치 않으면 피임을 할 수 있었으니까.

옛날 임금 중에는 일찍 죽은 사람이 많고, 정신병에 시달린 사람도 많았다. 또한 유명한 문학가나 음악가 등 예술가 중에도 정신병원에서 죽어가거나, 갑자기 강에 투신한 사람도 있다. 이들 중 상당수는 성병에 걸려서 뇌에 이상이 생기거나 성병으로 죽어간 것이다.

20세기 초까지 매독에 걸리면 거의 죽어야 했다. 임질에 걸리면 임신을 할 수 없어서 대를 이을 수 없었고 평생 피부질환에 시달리기도 했다. 원인 모를 질환으로 피곤하고 항상 우울하게 지내기도 했다. 거의 모두 성병 때문이다.

산부인과에 오는 여자들 중 상당수 여자들이 원죄의식을 가지고 있는 것을 본다. 특히 스스로 행실이 바르지 않았다고 생각하는 사람들 중에 더 많다. 파트너가 2명 이상인 여자들 중에 자궁암 검사 결과가 안 좋으면 꼭 물어보는 것이 있다. "파트너가 많은 여자들에게 생기는 질환인가요?"라고.

그러면서 꼭 다음 질문을 한다. "파트너가 많으면 안 되죠?" 그것은 인유두종바이러스 감염 때문에 자궁경부암에 걸릴 가능성이 크다는 것을 의미한다. 나에게 어떤 대답을 원하는지 알지만 난 약간 핵심을 회피하고 대답한다. "그러면 전 세계의 술집 여자들은 다 자궁암으로 죽겠네요?! 아니거든요."

20세기 초에 페니실린이 만들어 지면서 인간이 가지고 있는 거의 모든 성병이 제압됐다. 이젠 성병으로 죽을 일이 없어졌다. 페니실린 발명 후 50년 정도 인간은 성적으로 자유로운 시기를 맞았다. 피임과 성병의 극복으로 인간은 프리섹스를 구가하면서 너무나 행복한 나날을 보냈다. 하지만 20세기 중반에 에이즈라는 질환이 나타났다. 다시 인간은 성병에 겁을 내기 시작했다. 아직도 에이즈는 정복이 안 되는 질환이다. 옛날 매독에 걸리면 죽듯이,

죽음이 예정된 질환이다.

에이즈에만 걸리지 않으면 모든 성병은 치료가 된다는 말도 된다. 에이즈를 예방하고 싶으면 너무나 간단하다. 콘돔이라고 하는 너무나 좋은 도구를 사용하면 된다. 시대가 많이 좋아져서 피임법이 발달해 아무 티도 안내고 감쪽같이 해결하는 방법도 많고, 성병도 쉽게 치료가 되고 소문 날 걱정도 없이 해결할 방법들이 많다.

약간의 관심과 노력만 있으면, 잘 모를 경우 산부인과에 가면 그 방법을 가르쳐 주기도 한다. 하지만 아마도 사람은 대가 없이 어떤 것을 얻지는 못할 것이란 생각이 든다. 무엇을 얻으면서 대가를 안 치르겠다는 발상은 도둑 심보나 마찬가지이다. 특히 책임감 없는 사람이 아이를 가질 경우 본인이나 아기에게나 너무나 괴로운 상황이 된다. 이로 인해 괴로움을 당하는 것 또한 현대판 원죄의식이다.

18 유혹

약간의 긴장감 없이 날씬해 질 수 없고 약간의 불편함을 감수하지 않고 멋쟁이가 될 수 없다. 남들보다 더 게을러서는 성공할 수 없고 그리고 절대로 손해보지 않겠다는 생각으로 남에게 호감을 줄 수가 없다. 남자든, 여자든 누군가에게 맘이 있으면 시간과 돈과 정성을 쏟아야 한다.

그런 마음가짐 없이 마음을 훔쳐 올 수는 없다. 자기의 자존심을 살리고 싶으면 조금 간접적이고 세련된 방법을 쓰면 되고, 그게 잘 안되면 단도직입적이고 육탄공격적인 방법으로 가야 한다. 하지만 어떤 방법이 더 좋은지는 사람마다 다를 것이다.

특히 어떤 목적이 있는 사람들은 여러 가지 방법을 동원하여 사람들의 마음을 유혹한다. 요즘은 마케팅을 하는 사람들이 이 방법을 응용할 수도 있다. 역사적으로 성공을 하거나, 성공을 하려고 하는 사람들은 모두 다 유혹의 방법을 쓴다.

어떤 영화나 소설을 보아도 인간은 혼자 힘으로 성공할 수 없다. 성공을 도와준 사람이 옆에 있는데, 그 사람은 성적 매력 때문에 주인공에게 끌리게 되고, 그 때문에 목숨을 걸고 그 사람을 도와주거나, 정보를 빼 주거나, 위기에서 구해준다. 결국 성적 매력이 있어야 성공할 수 있다는 말이다.

그것은 여자든, 남자든 마찬가지다. 하지만 모든 사람이 같은 형태로 성적 매력을 느끼지는 않는다. 성실함이 매력적으로 느껴질 수도 있고, 능력 있어 보이는 것, 자신감, 몸매, 언변, 배경 등이 모두 매력으로 보일 수 있다. 귀여운 것이 매력적으로 보일 수도 있고, 순종적이거나 긍정적인 것이, 혹은 비판적이고 논리적인 것이 매력으로 다가올 수도 있다.

유혹하려는 사람은 대개 목적이 있다. 여자의 경우는 약간의 투자로 평생 자기를 먹여 살릴 남자를 유혹하는 것이니 남는 장사다. 남자의 경우는 자기가 뿌릴 씨앗의 장소를 고르는 것이니 신중을 기하는 것이다.

그러나 아무 생각 없이 사람을 유혹하는 사람도 있다. 그냥 사냥하듯이, 심심풀이로, 재미삼아, 자기의 능력을 과시하기 위해서다. 하지만 사람마다 가게에서 사는 물건의 취향이 있듯 사람마다 자기가 원하는 것이 다르다. 그래서 다양한 사람들이 모여 더불어 사는 것이다.

경험이 없는 사람은 평생 사랑이 한번 찾아올 것으로 믿는다. 그래서 그 사랑이 없으면 당장 죽을 것처럼 생각하고, 단식하고, 올인을 한다. 이런 사람들 중에는 의처증이나 의부증도 있고, 이별을 하면 자살을 하거나 정신병에 걸리기도 한다.

사랑은 매우 심각하고 절체절명이고 단 한 번이라고 생각한다. 하지만 사랑의 도사들은 사랑은 밀물과 썰물처럼 가면 온다고 생각한다. 세계의 그 많은 남자와 여자가 있는데 왜 절대적인 사랑이나 단 하나만의 사랑이 있다고 생각하느냐고 반문한다.

한번 자고 나면 다시는 그 상대를 안 만나는 사람도 있고, 3~4년 정도 지나면 어김없이 파트너를 바꾸는 사람도 있다. 처음에는 그들도 사랑의 아픔이 힘들었겠지만 자꾸 하다 보니 사랑이 그렇게 심각하지 않다고 생각을 한다. 필요 충분조건이 맞을 때 대개 짝이 맞추어 지는데 어떤 이는 그저 외로워서, 어떤 이는 경험이 없어서, 그것이 평생 한 번 찾아오는 사랑으로 생각해서 그 유혹에 빠지게 된다.

그래서 사람의 짝짓기가 이루어진다. 사람은 상대방이 유혹적이지 않으면 사랑에 빠지기 어렵다. 한번 사랑을 하든지, 여러 번 사랑을 하든지 누군가를 유혹해야 한다. 그 과정이 싫고 자신이 없으면 사랑을 평생 포기하고 살든지 자기를 누군가가 유혹해주기를 그저 기다리고 있어야 한다. 유혹하는 것도 기술이 필요하다. 유혹하는 것을 티를 내든, 안 내든 자기가 좋아하는 사람에게 호감을 표시하고 싶으면 그 방법을 연구하고 배워야 한다. 오늘 밤도 사람들은 누군가를 유혹하려 하고 있다.

19 섹스를 가르쳐야 아이가 바로 큰다(1)

우리 병원은 종종 성폭력을 당한 피해자가 경찰서나 성폭력상담소를 통해 방문한다. 성폭력 키트가 있어 성폭력을 당한 사람에게서 가해자의 정액을 채취해 줄 수 있다. 그리고 바로 진단서도 교부해 준다. 그렇게 채취한 정액은 바로 국립과학수사연구소로 넘겨진다. 그리고 진단서는 경찰서로 넘어간다.

그 때부터 가해자는 수배가 되고, 잡히면 진술을 하고, 정액이 그의 것인지를 검사하게 된다. 2005년부터 정부에서 성매매금지법을 통과시켰다. 그전에는 성폭력을 가한 사람 중에 중년 남자가 많았다. 하지만 요사이는 가해자의 나이가 어려졌다. 중·고등학생이거나 대학생이 많다. 흔한 케이스를 들어보자.

케이스1–대학생이 컴퓨터로 '야동'을 본다. 누군가가 만나고 싶다. 하지만 돈은 없다. 엄마에게 돈을 달라고 할 형편이 안 된다. 하지만 실습이 하고 싶다. 끓어오르는 호르몬을 억제할 수가 없다. 돈이 있으면 규제가 있어도 술집 여자를 찾을 확률이 많다. 채팅을 한다. 채팅을 하다가 번개가 이루어진다. 채팅 중에는 얼굴도 모르는 경우가 많다. 만나자고 제안을 한다. 저쪽에서도 만나자고 한다. 거의 대부분 핸드폰이 있기 때문에 얼굴을 몰라도 약속 장소에서 쉽게 찾을 수 있다. 중딩인지 고딩인지 모르겠다. 망설여 지지만 어쩔 수 없다.

서로 돈이 별로 없다. 그래서 소주를 마신다. 세 병 정도 나눠마신다. 그냥 얘기만 하려고 했다. 하지만 술이 취한 상태에서 섹스가 이루어진다. 헤어지고 난 후 여자아이의 보호자가 그 사실을 알게 된다. 핸드폰을 검색해본다. 바로 발견되고 고발된다.

케이스2-고딩이 '야동'을 본다. 밑이 뻐근하다. 무작정 나왔다. 1층 엘리베이터 앞에서 어슬렁거린다. 학원에서 귀가하는 여중생이 지나간다. 핸드폰을 빌려 달라고 한다. 급하게 선배에게 전화할 일이 있는데 핸드폰을 놓고 왔다고 한다. 선배에게 전화를 한다. 전화를 끊고 핸드폰을 들고 지하로 내려간다. 핸드폰을 돌려받고 싶으면 따라 오라고 한다. 지하는 한적하다. 옷을 벗기고 여자 얼굴을 가린 채 피스톤 운동을 한다. 어딘가에서 본 듯한 것을 흉내낸다. 여자애는 울면서 집에 갔고, 엄마가 울면서 경찰서에 전화를 한다. 여중생의 핸드폰에 저장되어 있는 선배 번호로 전화를 해서 고딩이 잡혔다.

서양은 성에 대해서 개방적이다. 남자든 여자든 성에 대해 적극적이고, 서로 합의가 되면 여자의 부모가 강간죄를 주장하지 않는다. 하지만 우리나라는 다르다. 남자는 개방적으로 키우고 여자는 정숙하게 키운다. 성매매방지법 이후로 남자애들이 갑자기 달라진 환경을 모르고 부모들도 자식들에게 성교육을 다르게 시키지 않았다.

중년의 남자들은 이제 잘못했다가는 크게 망신당할 줄 알고 알아서 대처를 한다. 하지만 어린 학생들은 그것이 무슨 의미인지도 모르고, 전과 똑같이 행동하려고 한다. 몇 년 전만 해도 여학생의 부모가 쉬쉬 했다. 혹시 소문나면 시집 못 갈까봐. 하지만 이젠 다르다. 여학생은 물론 그 부모도 범인을 잡고 싶어 한다. 그리고 반드시 그가 처벌받기를 원한다.

그 남학생들의 부모는 이제 큰일 났다. 여자아이의 부모는 위험한 환경 때문에 걱정이고, 남자아이의 부모는 범법자가 될까봐 걱정이다. 특히 미성년자 강간은 형이 무겁고, 합의를 해도 벌을 받아야 하기 때문이다. 피해자도, 가해자도 미성년자일 경우가 점점 많아지고 있다.

지금 우리나라의 성환경실정은 대책 없이 먹여놓고 항문을 막아 놓은 형국이다. 하수구를 막아놓고 넘치는 오물을 처리하지 못하거나, 냄새가 나는 원인은 모른 채 향수만 뿌리는 상황이다. 인터넷과 잡지 등 많은 성적 자극에 노출돼 있고 그것을 해소할 방법은 없어 진퇴양난이다.

나이가 들어서 그런 자극에 무감각한 세대와는 달리 피 끓는 젊은이들은 어쩔 줄 모르고 있다. 우리의 자녀가 이런 위험에 노출되어 있는데, 성교육은 1960년대 수준이다. 남자에 대한 규제는 강하고 처벌은 엄중하다. 아들 가진 부모와 딸 가진 부모는 다른 입장인데 해결할 방법이 도대체 존재하지 않는다.

어떻게 해결할까? 처벌이 답이 아니라, 교육이 답이다. 우리 자녀에게 성교육을 시켜야 한다. 그렇지 않으면 우리의 어린 아들들은 꽃 한번 피워 보지 못한 채 꺾여서 젊은 시절을 감옥에서 보내야 한다. 지금 우리나라는 과도기다. 유교 사상은 여전히 강하게 남아 있고 서양식 섹스 문화는 밀물처럼 몰려왔다. 부모의 성교육이 절실히 필요하다. 이러다가는 성교육을 제대로 받지 못한 어린 아들들이 모두 감옥에 갈 것 같아 너무나 걱정이다.

20 섹스를 가르쳐야 아이가 바로 큰다(2)

요즘 사춘기의 청소년은 너무도 쉽게 이성의 유혹에 빠진다. 집에서 기다려주거나 단속하는 사람도 없고 성에 대한 개념이 없는 상태에서 원치 않는 임신은 당연한 결과이다. 일단 임신이 되어야 어른들이 알게 되고 호들갑을 떤다.

병원에 올 때쯤엔 당연히 임신이 된 상태이다. 그때 보호자로 오는 사람들은 마치 임신시킨 사람이나 임신한 사람만의 잘못인 양 온갖 잔소리와 욕설로 사람을 질리게 한다.

얼마 전에도 고1인 여학생과 남학생이 여학생의 외삼촌 손에 끌려 왔다. 여자아이 부모는 이혼하면서 아버지가 친권을 포기했고, 엄마는 애를 버리고 다시 시집을 가버렸다.

남은 딸은 100킬로그램이 넘는 거구인 외삼촌 손에 길러졌다. 그런데 턱하니 임신이 되어가지고 남자친구랑 같이 병원에 왔다. 수술하기 전부터 수술 후까지 외삼촌은 남자친구를 온갖 욕설과 협박으로 매도했다. 극악무도한 놈이라는 것이다.

그 두 학생은 아마 잘은 몰라도 평생 죄책감으로 살아갈 것이다. 그때 오히려 옳은 성교육을 시키고 피임시술을 가르쳐주고, 무책임한 성행위의 해악에 대한 얘기를 해 주었어야 하지 않았을까? 하지만 그것이 잘 안 될 경우 그 아이는 다시 임신을 하게 될 가능성이 크다.

일단은 임신이 안 되게 피임법을 가르쳐 주고, 그리고 책임감 있는 행동에 대한 설명을 해주고, 그렇게 했는데도 임신이 되었을 경우 앞으로 성 불구자가 되지 않도록 적절한 교육을 시켜야 한다.

그런데 지금처럼 결손가정이 많거나, 부모가 먹고 살기 바쁠 때 그 교육을 누가 시킬 것인가. 대부분 인터넷이 성교육을 대신 하게 된다. 누구나 쉽게 접근할 수 있는 '야동' 은 아이들이 무료한 시간을 때우기엔 안성맞춤일지도 모른다.

'야동'은 보편적인 성적 행위보다 가능한 시각적인 자극을 많이 주는 선정적인 행위를 그 내용으로 담고 있다. 당연히 피 끓는 남자아이들은 거기에 몰입하게 되고 자위행위를 하거나, 아니면 파트너를 찾게 된다. 주로 주위의 어린 여학생이나, 결손가정의 여학생들이 대상이 된다.

그런 아이들은 외로움과 부모의 방임으로 쉽게 성행위에 몰입하게 되고 무책임하게 임신을 하게 된다. 반드시 부모들은 그런 책임을 아이에게만 지우면 안 된다. 남자아이든, 여자아이든 피해자, 가해자의 관계로만 볼 것이 아니라 부모의 관리 소홀을 반성해야 한다. 너무나 어린 남학생들이 성범죄로 감옥이나 소년원에 가게 된다. 그것은 또한 어른의 책임이기도 하다. 청소년에게 책임감 있는 올바른 성교육이 필요하다. 단 한 순간도 늦출 수 없을 만큼 위기의 양상은 심각하다.

21 갱년기 남성들은 이런 서비스를 원한다

성클리닉을 운영하는 산부인과 여의사인 나는 50대 남성들의 이런 저런 하소연을 들을 기회가 많다. 부인에게 자기의 소망이 전달되기를 바라는 마음에서 하는 말인데 요지는 이렇다.

1. 체위를 한 가지만 고집하지 말았으면 좋겠다. 이런 저런 체위를 하고 싶은데 응해 주지 않는다는 것이다. 또 여러 가지 체위를 해 보자고 하면 어디 가

서 이런 것을 배워 왔느냐, 이런 것은 딴 데 가서 하라는 둥 오히려 사람을 의심하고 다른 차원으로 비약까지 한다.

2. 오럴 섹스를 해 주었으면 좋겠다. 이제는 시각적인 자극으로 잘 발기가 안되는데 그래서 오럴 섹스를 받고 싶은데 그런 표현을 하면 바로 변태 취급을 하면서 벌레 바라보듯 한다는 것이다.

3. 아내가 체력이 강했으면 좋겠다. 만날 아프다고 핑계대면서 해 주질 않는다. 왜 그렇게 아픈 데가 많은지, 특히 허리가 아프다고 꼼짝도 안하면서 섹스는 아예 얘기도 못 꺼내게 한다. 아픈데 무슨 배부른 소리냐는 것이다.

대한민국의 50대 이상은 순결교육을 잘 받은 세대다. 그리고 또한 정숙한 여자, 현모양처에 대한 교육도 철저히 받았다. 그래서 섹스를 하고 싶다고 표현할 수도 없었고, 섹스할 때 소리도 내지 않고 점잖은 체 해야 했다.

만약 소리를 내거나, 먼저 하고 싶다고 말하면 화냥기가 있다고 낙인 찍혔고, 좋은 평가를 받을 수 없었다. 또한 절제가 미덕이었고, 고학력으로 갈수록 섹스는 중요하지 않다고 은연중에 주입식 교육을 받았다.

하지만 지금 남성의 소망은 달라지고 있다. 부인이 너무 점잖아서 소리를 잘 안내거나 성욕이 약하면 "재미가 없다"고 생각한다. 포르노비디오의 주인공들은 아내와 달리 너무도 적극적이다. 여러가지 체위에 교성도 마음껏 지른다.

그래서 그런 것을 흉내 내고 싶은데 부인은 절대로 말을 듣지 않는다. 그렇다면 어떻게 해야 할까.

1. 남편과 부인이 같이 모텔에 가 보자. 거기에 가면 다른 사람의 방해를 받지 않고 소리도 지를 수 있고, 채널을 돌리다 보면 여러 가지 체위를 하는 프로가 나온다. 같이 보면서 따라 하기만 하면 된다. 남들도 다 하는데 왜 못할까? 정 어색하면 같이 맥주라도 한잔씩 마시고 해보자.

2. 마찬가지로 모텔에서 보는 포르노에 오럴 섹스는 단골 메뉴이다. 잘 보고 따라 하면 된다. 여자들은 남자와 달리 성기에 대해 부정적인 감정을 가지고 있다. 하지만 남편이 부인을 정성스럽게 애무해 주면, 부인도 남편에게 같은 대접을 해 줄 것이다. 받고 싶은 것을 먼저 부인에게 줘 보자.

3. 기계도 50년 이상 써 먹었으면 당연히 고장이 나고, 손질도 해야 한다. 하물며 사람의 몸도 마찬가지이다. 닦고 조이고 기름칠하자. 갱년기가 되면 특히 여자는 호르몬이 거의 고갈된다. 그래서 여기저기 안 아픈 데가 없다. 당연히 골다공증, 성욕저하, 의욕저하, 불면증, 우울증, 성교통, 퇴행성 관절염, 근육통 등 안 아픈 데가 없다.

호르몬은 몸과 마음에 모두 많은 변화를 가져온다. 그래서 도저히 감당이 안 될 만큼의 변화가 온다. 매우 예민해지고 작은 일에도 서운해 하고, 우울증도 같이 온다. 그래서 여기저기 아프다고 하는 것이다.

이 때에는 호르몬검사와 자궁, 유방, 난소암 같은 호르몬과 관계된 암 검사를 시행하고 이상이 없으면 호르몬 치료를 받는 것이 좋다. 다시 회춘할 수 있다. 몸도 마음도 다시 폐경 전의 상태로 돌아갈 수 있다. 그러면 성교통도 많이 사라진다. 그래도 성교통이 있으면 산부인과에 가서 진찰을 받은 후 젤을 처방받아 써도 좋다. 그러면 성적으로 위축된 마음이 펴지고, 가정의 평화가 다시 찾아오게 된다.

만약 당신이 젊은 여자와 재혼을 했다면 어떻게 할 것인가? 젊은 여자와 결혼한 남자의 고민은 성적으로 강한 젊은 여자를 어떻게 다룰 것이냐다. 아이들에게 짐이 안 되고, 혼자 살기 외로워서 결혼은 했는데 부인이 젊은 경우 성욕의 강도가 다른 것이 문제다.

젊은 부인은 일주일에 적어도 2~3번 정도 성관계를 원하고, 본인은 한 번 정도만 했으면 좋겠는데, 어떻게 할까? 일단 가장 중요한 것이 체력이다. 당연히 젊은 여자와 살려면 체력이 따라 주어야 한다. 그렇지 않으면 서로 괴롭다. 혈액순환에 문제가 생기면 발기가 잘 안 되거나, 발기 후 불응기가 길어서 일주일 이상씩 갈 수도 있다. 그래서 한번 성관계를 가지면 일주일이 지나야 겨우 발기가 될 수도 있다.

그래서 어떤 남성은 자기 부인의 성욕을 줄일 방법을 알려달라고 전화를 한 적까지도 있다. 성욕을 없애는 수술이 없느냐고 전화하는 남성도 있다. 당연히 그런 수술은 없다. 다만 용불용설이기 때문에 안 쓰면 기능이 약해지거나 없어질 수는 있다.

하지만 일단 결혼을 했으면 성생활이 중요하기 때문에 어쨌든 행복해지기 위해서는 합의를 보아야 한다. 피하지만 말고 대화를 통해 성교 횟수를 결정해야 한다. 만약 부인이 원하는 횟수가 일주일에 세 번이고, 남편이 원하는 횟수가 일주일에 한 번이면 두 번쯤에서 합의를 보자. 하지만 도저히 체력이 안 되면 한 번은 삽입 섹스, 나머지 한 번은 오럴 섹스를 해도 된다. 젊은 여자와 사는데 이 정도 노력은 해야 한다.

갱년기는 여자들에게만 오지 않는다. 남자들에게도 온다. 그때는 마음도 외롭고, 힘도 빠지고, 사회에서 놀아주는 사람도 없고, 술도 옛날처럼 잘 들어가지 않는다. 그나마 부인만이 위로가 된다. 하지만 부인도 옛날처럼 나를 대하는 것이 아니라 이빨 빠진 호랑이 취급을 한다. 그때의 심정이란 정말이지 참담하다.

이럴 때 만약 잘해주는 여자를 만나면 너무나 큰 위로가 된다. 옛날 젊은 시절, 한때 잘 나가던 시절이 떠오르면서 다시 회춘하는 기분이 든다. 자기도 모르게 그 여자에게 빠지게 된다. 오랜만에 칭찬도 듣고 다시 마음에 핑크빛이 물든다. 그러나 그나마 부인에게 들켜 버렸다.

평생 나만을 의지하고 살아온 사람인데 어떻게 해야 하나. 부인이 느낀 배신감을 어떻게 하나. 그냥 식사 한 끼 한 것처럼 만난 건데. 그 이상도 그 이하도 아니고 자식에게 손자들에게 어떻게 보일까.

그 때 남자들은 여러 가지 생각을 한다. 남자가 살다보면 그런 일을 할 수도 있지, 다른 남자들도 다 하는 일인데. 평소에 나를 존중해주고, 잘 했으면 이런 일이 생길 리 없지 않은가. 단순히 맛있는 외식을 한 건데 재수 없어서 걸렸네. 가정을 버릴 생각은 아닌데 저렇게 난리를 치니 이혼을 해야 하나. 정말로 나를 위로해 줄 여자를 만났는데 저 여자랑 살고 싶다.

여러 가지 생각이 왔다 갔다 한다. 어떻게 할까. 대부분의 남자들은 이때 잘못했다고 얘기하고 용서를 구하고, 다시 이전상태로 돌아가고 싶어 한다. 이때 남자들은 단순히 위로를 받고 싶었고, 가정을 버릴 생각은 없었다고 얘기한다. 모든 것을 잃고 싶지 않기 때문이다. 가정의 평화도, 자식도, 평소의 사회적 평판도 모두 잃고 싶지는 않다.

특히 평생을 공기처럼 마시고 살아온 부인을 잃고 싶어 하지는 않는다. 당연히 부인과 많은 얘기를 나눠야 한다. 또한 그동안 서로에게 무신경하게 살아온 것에 대해 잘못을 구하고 다시 초심으로 돌아가서 관계를 정립해야 한다.

이때 부인도 또한 반성을 해야 한다. 마치 병에 걸려서 건강을 되찾으면 열심히 살겠다는 다짐을 하듯 돌아온 남편을 위해서 무슨 노력을 할 것인지에 대해 생각을 해봐야 한다. 왜 남편이 그렇게 쉽게 유혹에 빠졌는지 입장을 바꿔 생각을 해 보아야 한다.

갱년기는 인생에 있어 가을과 겨울 사이의 그 어딘가다. 어떻게 인생을 잘 마무리 할 것인지 서로 대화를 하고, 남은 인생을 멋지게 보내야 할 때다. 젊은 시절과는 다른 방식의 사랑이 필요한 것이다.

22 갱년기 여성은 남편의 이런 서비스를 원한다

갱년기 여성들은 빈집증후군(Empty Nest Syndrome)을 앓게 된다. 남편은 직장 일 때문에 항시 바쁘고, 자식들은 다 자라서 직장을 찾고, 혼자 빈 집에 남아 있는 것 같은 외로움에 몸서리를 친다.

특히 생리도 끝나고 몸은 여기저기 아프고, 사회적으로 성공한 것도 아니고, 돈을 벌어 논 것도 아니고, 외모는 늙어가고, 아무도 알아봐 주는 이 없이 늙어버린 인생이 덧없다. 가족과의 대화도 거의 단절이다. 누군가에게 말이라도 붙이면 시대에 뒤떨어졌다고 잔소리로만 듣고 대꾸도 잘 안 해 준다. 너무나 외롭다.

그래서 그런 여성들에게 접근하는 사람들도 많다. 1000만 원짜리 전기요를 파는 젊은 남자들은 이런 여자들의 외로움에 호소하여 비싼 물건을 판다. 하지만 그것이 그녀들의 어리석음 때문만은 아니다. 그녀들의 감성에 호소하고, 단 며칠간이라도 진정한 위안과 즐거움을 준 대가이기도 하다.

그렇게 외로운 여성들을 남편들은 나 몰라라 한다. 그러면 여자들은 그것을 어디에 가서 위로받을까. 남편에게 갖는 소망은 단순하다. 직장에서 돌아오면 대화를 하고 싶다. 오늘 무슨 일이 있었는지, 세상은 어떻게 돌아가는지, 무슨 점심을 먹었는지, 회사에서 기분 좋은 일이나 기분 나쁜 일이 있었는지 알고 싶다. 나도 그런 이야기를 들으면서 간접 경험을 해 보고 싶다.

또 가끔이라도 선물을 받고 싶다. 아주 작은 선물이라도 좋다. 집에 오다가 따뜻한 찐빵도 좋고 맛있는 과자도 좋다. 요즘 유행하는 액세서리나 옷도 좋고, 화분이라도 좋다. 가끔 외식도 하고 싶다. 식구들과 혹은 둘만 맛있는 식사를 하고 싶다. 기념일이어도 좋고 그냥 신장개업식에 가서 시식을 해도 좋다. 같이 드라이브 가서 맛있는 음식을 먹고 싶다.

가끔 새로운 스타일로 섹스를 하고 싶다. 누구의 눈치도 안보고 오르가슴을 느끼고 싶다. 그래야 사는 맛도 나고, 남편을 위해서 맛있는 밥을 해 줘도 기운이 날 것 같다.

당연히 그녀가 받고 싶은 것은 오럴 섹스이다. 그녀에게 충분히 전희를 해주고 물이 나온 상태에서 섹스를 시도하는 것이 좋다. 그런데 이 나이에 만약 남편이 바람이라도 피우면, 여자는 우울증에 빠지게 된다. 그때 여자가 느끼는 배신감이란 이루 말할 수가 없다. 어떻게 보내온 세월인데, 나를 배신해. 그녀는 슬퍼서 어쩔 줄을 몰라 한다. 그 배신감을 어디 가서 위로받고, 어떻게 보상받을까?

그녀는 방법도 모르고 화병을 가슴에 묻은 채 포기하고 살게 된다. 하지만 갱년기 여성들은 남성들보다 덜 외로울 수 있다. 그녀 옆에는 할 일도 많고, 수다를 떨 사람들도 많다. 자식들, 손자들, 친구들, 동네 아줌마들.... 시간을 보내고 소일할 일들이 많아 극단적으로 외롭지 않다.

하지만 그녀의 남편은 꽤 외롭다. 돈이 있을 때 잘 만나주던 친구들도 이제 잘 연락을 안 하고, 돈이 있을 때는 여자들에게 뽐내고 지냈는데, 이제는 누구하나 만날 사람도 없다. 그저 노인정에서 소일하거나 컴퓨터로 바둑이나 두고 고스톱이나 치는 정도다.

이렇게 갱년기가 오면 서로 힘들어 하면서도 어떻게 위로를 해 주고, 위로를 받아야 할 지 모르는 경우가 많다. 새로운 애인을 만나듯 한번 해 보는 것은 어떨까?

생각을 약간만 바꾸면 모든 것이 바뀔 수가 있다. 노력을 하자. 자식이나 손자에게 쏟는 애정의 일부분이라도 같이 늙어가는 파트너에게 쏟자.

제 2 장

섹스클리닉에 오면 평생고민을 해결한다

1 처녀막에 대한 단상

경험1-그녀는 올해 48세의 CEO다. 요통과 빈혈이 심해 병원을 방문했다. 초음파를 보니 아기 머리통만한 혹이 있었다. 자궁적출술을 해야 할 정도의 크기였다. 하지만 자궁근종 용해술을 시행하기로 했다.

하지만 그것을 시행하려면 어쩔 수 없이 처녀막이 파열되어야 했다. 난 그녀에게 1주일동안 사랑하는 사람에게 순결을 주고 오라고 했다. 수술하는 날, 그녀에게 물어보았다. 그녀는 평생 지킨 것을 어떻게 1주일 사이에 줄 수 있겠느냐고 말했다. 수술 도중에 그녀의 처녀막은 파열되었다.

경험2-수녀님이 하복부 통증을 호소하며 병원을 방문했다. 37세였다. 난 어쩔 수 없이 수녀님의 성경험에 대해 물어 보아야 했다. 수녀님은 당연히 성경험이 없다고 했다.

초음파와 암검사를 하려면 처녀막이 파열될 수도 있고, 복부초음파를 보면 보존할 수도 있다고 얘기했다. 수녀님은 상관없으니 그냥 질식 초음파를 보겠다고 하셨다. 매우 아파하셨다. 초음파를 볼 때 아래에 아주 힘이 많이 가는 것이 느껴졌다. 초음파 탐침에 저항이 느껴졌으니까. 초음파를 보고 탐침을 빼는데 콘돔에 피가 묻어 나왔다. 마음이 아팠다. 아직도 아랍권의 사람들은 같은 21세기를 살아가지만, 결혼 첫날밤에 피가 비치지 않으면 그것을 친정아버지나 남자형제에게 말을 해서, 그 자리에서 돌로 쳐 죽인다.

남편과 아들 외에는 얼굴을 보일 수가 없기 때문에 얼굴을 가리고 다닌다. 잠자리 외에는 절대로 얼굴을 드러낼 수가 없다. 당연히 처녀막과 처녀성은 목숨과 관계가 된다. 미국이나 서구에서 유학을 하고, 집으로 돌아갈 때 아랍 여자들은 처녀막 재생수술을 하고 간다. 1500만원이 들더라도, 죽는 것 보다는 낫기 때문이다. 처녀막이 목숨인 나라가 21세기에 버젓이 있다. 당연히 남성 위주의 사회에서 생겨난 관습이다. 피가 보이지 않으면 바로 죽음이라니. 약간의 차이가 있겠지만 남성 위주의 사회에서는 성에 있어서 차별이 있다. 여성의 주권이 강해지면 처녀막의 중요성이 점점 작아지고, 여성이 주권이 약하면 처녀성은 너무나 중요하다.

2 한 불행한 여인의 27년

52세의 여성이 병원을 찾아왔다. 그녀는 결혼하고 얼마 지나지 않은 25세 때 택시기사에게 강간을 당했다. 그날 밤부터 그녀의 온몸에 반점이 일어났다고 한다. 그리고 그녀는 평생 염증을 몸에 달고 살았다. 그녀는 성병에 걸렸다고 생각했다. 그녀는 얼마 전 내가 출연하는 방송을 보았다고 한다. 그리고는 3시간이나 걸린 먼 길을 무릅쓰고 나를 찾아왔다.

그녀는 성병을 검사하고 싶어 했다. 질의 염증이 10일 간격으로 생겨서 고름을 빼내지만 또 재발한다고 했다. 그 염증이 너무도 지긋지긋해 이제는 죽고 싶다고 한다. 그녀는 아들이 하나 있고, 더 이상 아이를 낳지 않았다. 혹시 성병에 감염된 아이가 태어날까봐 아이를 더 낳을 수 없었다.

그렇게 강간을 당한 후 27년간 고민했다. 성병으로 인해 남편이 강간당한 사실을 알게 될까 봐 걱정하면서. 당연히 남편과의 성생활은 매일같이 지옥 같았다. 언제 발각될지 모르고, 남편에게 성병이 전염돼 자신을 의심할까, 아들이 혹시 성병에 걸리지 않았을까, 걱정을 하면서 매일매일 마음을 죄면서 살았다고 한다. 난 그녀의 성병에 대한 모든 검사를 해 주고, 아래에 난 혹을 제거해 주었다. 바솔린씨 낭종이었다. 그것은 한번 생기면 자꾸 재발할 수 있는 외음부에 생기는 물혹인데 염증이 생기면 고름이 차는 질환이다. 또한 그것은 굳이 그런 경험이 없이도 생길 수 있는 염증인데, 그녀에게는 그 일과 연관되어서 평생 불안함과 죄책감에 시달리게 한 것이다. 검사와 수술로 그녀는 27년간의 무거운 짐을 벗게 됐다. 우리는 종종 금방 치유될 수 있는 사소한 고민을 평생을 짊어지고 살고 있는 것이다.

내가 출연한 성병 관련 방송을 보고 아주 먼 곳에서 찾아온 여인이 있었다. 그녀도 결혼 전에 어떤 남자를 만났는데, 그 사람과 헤어지고 다른 남자와 결혼을 했다. 결혼 후 아이를 낳았는데 아이의 온몸에 계속 무엇이 난다며 성병이 아닌지 검사를 해 달라고 왔다. "피부과에 가서 검사하면 되는데 왜 검사를 안 해 보았느냐"고 물었더니, 자기가 사는 시골 동네는 너무 좁아서 만약 아이가 성병에 감염된 것이 발견되면 자기는 이혼당한다고 말했다. 그녀와 여섯 살 된 아이의 피 검사를 했다. 아무 이상이 없었다.

아이는 아토피성 피부질환을 앓고 있었고, 그녀는 아토피를 성병 때문에 생겼다고 여기고 불안에 떨었던 것이다. 너무나 많은 사람이 이런 원죄의식 때문에 평생 죄책감을 갖고 사는 것 같다. 제발 이런 사소한 일로 평생 괴로움을 당하는 사람이 없기를 바란다.

그녀의 얼굴은 우울함으로 가득 차 있었다. 물론 과거를 완전히 지울 수는 없겠지만 적어도 성병으로 인해 아이가 괴로움을 당하거나, 본인이 괴로움을 당하지 않기를 바란다. 그리고 그녀가 이젠 그 기억에서 벗어나 행복한 성생활을 하기를 바란다.

3 스물한 살 처녀의 정신분열

14세부터 성폭력을 당한 21세 여자가 병원에 왔다. NGO단체와 동두천 성폭력상담소에서 그녀를 데려 온 것이다. 그녀는 지능이 떨어져 보였다. 말도 횡설수설하는 듯했고, 발은 튼 데다가 무좀이 심했고, 아래에서도 냄새가 심하게 났다.

가해자는 73세의 노인이었다. 동네 이장이고, 차를 몰고 다닌다고 한다. 그녀의 아버지와 어머니는 농사를 짓고 사는 아주 순박한 사람들이라고 한다. 그녀의 모친은 몇 년 전에 그 사실을 알았지만, 그 사람한테 다시는 그러지 말라고 얘기하고 끝냈고, 그녀의 부친은 얼마 전에 그 사실을 알고 그 놈을 죽이니, 살리니 하면서 한바탕 난리가 났다고 한다. 그 노인은 절대로 그런 일이 없다고 발뺌을 하고 있었다.

그녀의 지적 능력은 다소 떨어져 보였지만 전후사정을 일관되게 설명했다. 그 아저씨가 학교 앞에 검은색 차를 대고 기다리고 있다가 자신을 싣고 가서 그 짓을 했다는 것이다. 기간은 무려 8년간 이었다. 어떤 날은 아침부터 밤까지도 하고, 어떤 기간에는 매일 하기도 하고, 보통은 일주일에 한번 정도 했다고 한다. 학교에는 아빠라고 얘기하라고 말하게 하고, 부모가 없을 때 집으로 오게 하고, 사람이 있으면 다시 집에 가게 하고 나서 다시 부르고, 반항을 하면 때리고, 부모에게 말하면 죽여 버리겠다고 협박했다.

이런 세월을 지내면서 그녀는 점점 정신분열증에 빠졌고, 지금은 상당히 무서워하면서도 그나마 반항을 할 수 있는 정도에 이르렀다. 진찰하고 놀란 것은 그녀의 처녀막이었다. 그녀의 처녀막은 파열되지 않은 상태로 있었다.

분명 8년간이나 성관계를 했다는데, 어떻게 그대로 있을까. 성폭력상담소 소장님과 상의를 하고 기구를 넣고 검사를 했다. 초음파도 넣어 보았다. 그런데도 처녀막이 파열되지 않았다. 그녀는 어렸을 때부터 발기가 안 된 작은 성기를 넣거나, 손가락으로 넣거나 하면서 처녀막의 탄력성을 잃었던 것처럼 보였다. 처녀막은 닳은 흔적은 있지만 굉장히 부드러워서 긴장감이 없었다.

그래서 기구가 들어가거나, 초음파 탐침이 들어가도 아무런 출혈도 없었다. 그 남자는 성관계 후에는 꼭 밑을 물로 씻어 주었다고 한다. 그리고 대부분은 콘돔을 쓰고 관계를 했고, 집에 갈 때는 2000~3000원 정도를 손에 집어 주었다고 한다. 완전히 프로다. 적어도 강간이 아니고, 매매춘으로 몰고 가기 위해 그렇게 했고, 또 정액을 없애고 증거를 없애버린 것이다. 머리가 매우 좋은 사람이다. 어쨌든 나는 한 젊은 여자가 늙은 남자에 의해서 인생이 망가진 것을 목도했다.

그는 어떻게든 벌을 받았으면 좋겠고, 그녀는 미친개한테 물렸다고 생각하고 툴툴 털고 일어섰으면 좋겠다. 대부분 강간을 하는 남자들이나 강간을 당한 여자들은 사회의 소외계층에 있는 경우가 많다. 다른 방식으로 풀 수가 없으니까, 자기보다 더 약한 사람을 상대로 성적 긴장을 풀게 된다. 당연히 아주 어린 여자아이나, 정신이 모자란 아이, 장애아, 말을 잘 못하는 아이, 부모가 없는 결손가정의 아이들이 주로 희생자가 된다. 그러다가 보호자가 그 사실을 알게 되면 억장이 무너지게 되고, 자신의 무관심이나 관리소홀을 통감하게 된다. 처녀막이 닳아지고 파열은 안 되어 있었지만, 그녀의 진술과 가해자의 나이를 고려할 때 성폭행이 있어도 그런 상황이 가능하리라 생각되어 가해자를 처벌한 경우다.

처녀막은 여러 가지 이유로 파열이 되기도 하고, 아이를 낳았는데도 파열이 안 된 경우도 드물게 보게 된다. 처녀막이 순결성을 상징하기도 하지만 이런 경우처럼 예외적인 상황도 일어날 수 있다.

4 동정과 순정의 차이

우리나라 남자들은 대부분 동정을 술집에 가서 창녀에게 바친다고 한다. 남자의 첫 관계를 동정이라고 하면 남자의 순정은 무엇인가. 남자들에게도 여자들처럼 순정이 있다고 한다. 단지 동물적인 본능에 의해서 하는 섹스가 아닌, 마음으로 사랑하는 사람에게 바치는 순정이 여자보다 더 강한 느낌으로 있다고 한다.

평생 잊지 못하는 사람과의 지고한 사랑을 남자들은 '순정'이라고 부른다. 여자는 화장을 고치고 눈물을 닦으면서 그 남자를 잊지만 남자는 정말 사랑했던 여자를 잊지 못한다고 한다. 그 깊이나 강도, 그리고 잊는데 걸리는 시간이 여자보다 더 오래 걸린다. 오히려 여자보다 남자가 더 모질지 못하고 약한지도 모르겠다. 또한 여자는 마음이 움직이지 않으면 쉽게 몸을 움직이지 못하는데 남자는 마음은 안 움직여도 몸이 움직이는 것을 보아도 여자보다 더 유혹에 약하고 덜 계산적인 것 같다. 후회할 짓도 많이 하고 또 반성하는 체하고는 또 다시 후회할 일을 만든다.

여자들은 남자들이 강하다고 생각한다. 그리고 강한 남자가 멋지다고 생각한다. 강한 남자는 모든 부분에서 강하다고 믿는다. 하지만 남자는 어렸을 때부터 강하게 키워져서 강한 체하는 것일 뿐, 여자보다 더 약한 구석이 많다.

다만 강한것 같이 여자에게 보일 뿐이다. 사업에 망하면 자살하는 사람은 여자보다 남자가 더 많다. 도망가고 싶고, 약하거나 초라해 보이기 싫어서 끝을 내는 것이다. 어려운 일이 있으면 아예 자포자기하는 남자들이 많다.

남자는 평소 강해져야 한다는 강박관념에 자주 시달린다. 발기가 안 되는 남자들 중에 이런 강박관념을 지닌 사람들이 많다. 어느 날 스트레스 때문에 발기가 안 되었다고 가정하자. 그때 아내가 무엇이라 말을 하지 않아도 남자는 창피하고 부끄러워서 스트레스를 받는다. 그럴 때 부인이 모르는 체 넘어가주면 좋은데 "당신 남자로서 끝난 것 아냐?"라는 식으로 빈정대면 그 때부터 남자는 긴장하기 시작한다.

성관계를 피하게 되고, 긴장하면 발기가 더 안 되는 악순환이 발기불능의 시작이 되는 경우가 많다. 여자는 마치 아무 것도 아닌 양 넘어가 줘야 한다. 하지만 발기부전이 계속된다면 혹시 혈액 순환에 문제가 생기지 않았는지 체크해 보아야 한다. 여자들 중에 남자의 자존심을 팍팍 상하게 하는 사람들이 많다. 이럴 경우 남자들이 의도하든, 의도하지 않든 성관계에 영향을 미치게 된다. 다른 여자들에게는 잘 되는데 남자를 홀대하는 여자에게는 발기가 잘 안되거나 성관계를 피하고 싶은 심리가 있다.

왜냐하면 남자들은 어렸을 때부터 강해야 한다고 교육받았기 때문에 자신을 약하다고 무시하는 여자 앞에 서면 그것이 말을 잘 안 듣는 것이다. 마치 도살장에 끌려가는 소처럼, 억지 춘향이처럼 행동하게 되는 것이다. 만약 이런 심리를 이해한다면 여자는 남자의 기를 살려주는 것이 결국 여자를 위하는 길이라는 것을 알게 된다. 약한 체, 모르는 체, 못하는 체하는 여자 앞에서 남자는 잘난 체하기 때문이다.

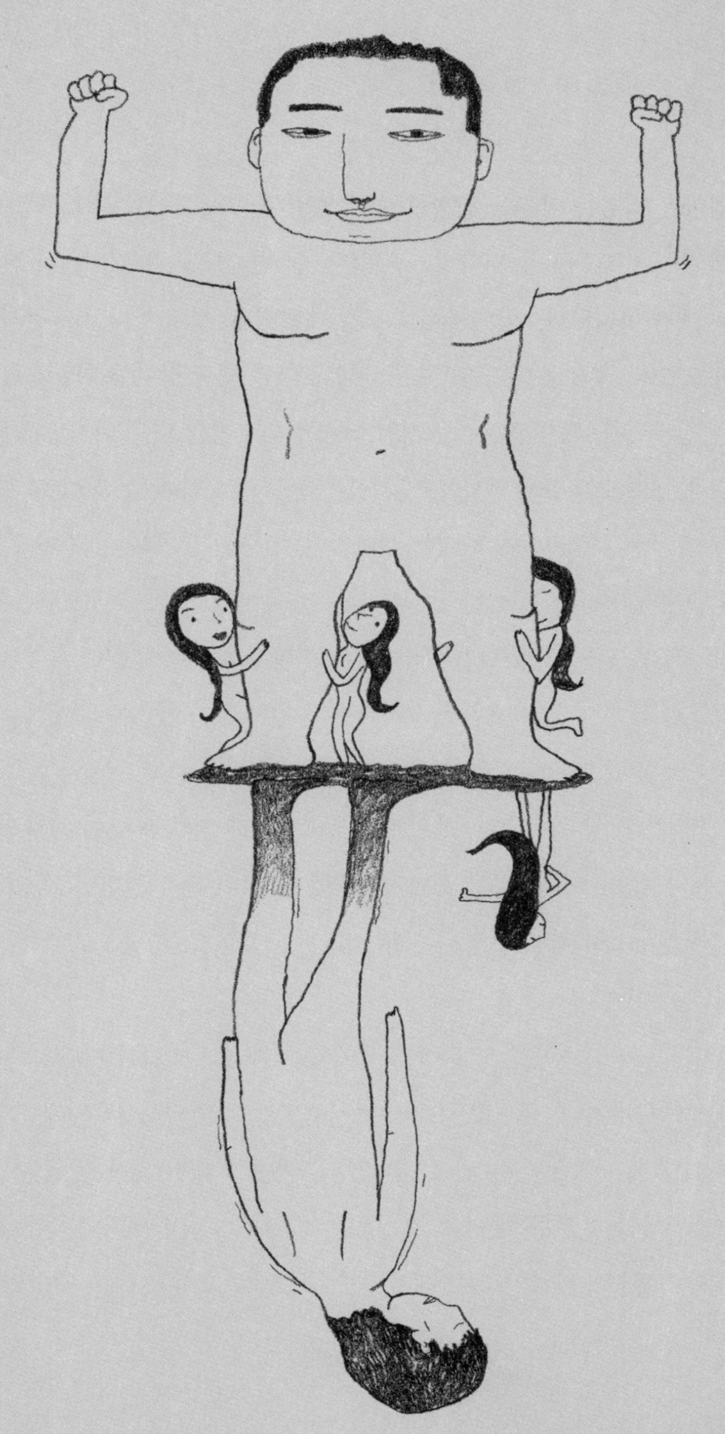

5 순결 지상주의는 비극을 만든다

엄마는 떨리는 마음을 진정할 수가 없었다. 어떻게 왔는지도 모르게 서울에서 동두천행 기차를 기다리고 있었다. 단 한번도 속을 썩이거나 잔소리를 듣는 애가 아니었다. 딸이라서 무조건 예쁘게 본 것이 아니고 객관적으로 봤을 때도 어디 흠잡을 데가 없었다. 대학교 다닐 때도 장학생이었고 귀가 시간도늘 정확했다. 요새 젊은이들처럼 담배를 피우거나 멋을 내지도 않았다. 아빠도 엄마도 모두 교사출신이고, 지금은 장학사로 있다. 두 사람 다 보수적이어서 자식들은 꼼꼼하게 챙기는 편이었다. 가끔 핸드백을 흰 종이에 쏟아 부어 담뱃재가 있는지, 이상한 물건은 없는지 확인했고, 통금시간은 아홉 시로 못 박아서 꼭 지키게 했으며, 매달 있는 생리도 꼭꼭 확인했다. 대학을 3등으로 졸업하고 기자가 되기 위해 고시촌에 들어가 있는 딸이나 군대에 가 있는 아들이나 모두 부모의 기대에 맞게 자라주었다.

집안은 항상 화목했다. 생일이나 일요일이면 가족과 같이 식사도 하고, 고궁이나 박물관에도 갔고, 엄마가 하라는 대로 하는 애였다. 전공이 영문학인지라 영어 스피치 대회에 나가서 상도 받아오고, 그 기념으로 미국 여행도 보내 준 적이 있다.

기자가 되고 싶었던 딸은 고시촌에 들어가 고3 때처럼 시간을 쪼개가면서 열심히 공부했다. 사귀고 싶은 남자친구도 없었고 짝사랑하다가 자존심 때문에 그만 둔 정도로 사춘기가 지나갔다. 어머니에게 1년에 한두 번 성교육을 받았는데 순결은 곧 생명이라고 들었고, 날파리들이 똥이나 썩은 음식에 덤비듯이 행실이 바르지 못한 여자에게 남자들이 꼬이고 강간을 당한다고 강조하면서 정숙할 것을 강요받았다.

그러던 어느 날 그녀는 영어 회화 학원에서 흑인 병사를 만나게 되었다. 그는 아주 친절하고 자상했다. 그리고 무엇보다도 영어 공부에 큰 도움을 주었다. 경직된 태도가 조금씩 봄날 눈 녹듯이 풀렸다. 남자와 얘기하는 것이 처음엔 너무나 어색했으나 그와는 매우 편했다. 마치 여자친구와 친하게 지내는 것처럼 그와의 대화는 편하고 또 유익했다고 한다. 그는 미국의 일상과 대학 생활을 설명하면서 그녀의 아메리칸 드림을 부풀게 했다. 그와 자주 만나게 된 그녀는 어느 날 너무나 자연스럽게 키스를 하게 되고, 섹스를 하게 되었다. 딸은 어버이날에 연락이 없었다. 엄마는 평소에 그러지 않던 딸이라 전화를 해 보았다. 딸이 전화를 안 받았다. 그래서 고시원에 연락을 해 보았지만 여전히 전화가 안 되었다. 평소에 친하게 지내던 친구에게 전화했다. 마치 다 알고 있는 것처럼 얘기했더니 딸의 친구는 어떻게 알았느냐며, 딸이 동두천에 있다고 실토했다.

그녀는 동두천행 기차를 타고 무작정 연락처도 없이 딸을 찾아 나섰다. 미군이 모여 사는 보산동에 가서 슈퍼마켓과 세탁소에 들어가 딸의 사진을 보여 주었다. 금방 찾을 수 있었다. 딸은 미군 흑인 병사와 살림을 차리고, 이미 임신까지 한 상태였다. 아무리 말려도 딸은 애를 지우려 하지 않았다. 흑인 미군 병사와 결혼해서 미국에 가서 살겠다는 것이다. 엄마가 순결은 생명이라고 하지 않았느냐고, 그래서 한번 순결을 잃었으니까 그와 평생 살겠다고 주장했다고 한다.

아니라고, 한번 순결을 잃었어도 다른 사람하고 결혼할 수 있다고 얘기했지만 딸은 막무가내였다. 그 딸을 어떻게 할까? 순진하고 세상물정 모르게 자란 아이들은 어렸을 때 배운 지식대로 세상을 본다. 모든 사람의 말은 진실하며, 모든 사람은 선량하다고 믿는다. 행간을 읽지 못하고, 남자가 하는 모든 말은 진실하다고 믿는다. 하지만 섹스를 하고 싶은 남자는 말의 99 퍼센트가 허풍이다. 자기의 배경, 자기의 학벌, 앞으로의 계획도 모두 핑크빛이다.

하지만 그것은 그야말로 상상속의 이야기인 경우가 참 많다. 순진한 여학생은 그것을 구별하기 힘들다. 섹스하기 전의 말과 섹스 후의 실상과는 엄청난 차이가 있는 경우가 많다. 그녀는 엄마의 간곡한 부탁에도 불구하고 결국 애를 지우지 않고 미국으로 떠났다. 그녀가 어떻게 됐는지는 모르지만 상당수의 여자들이 그런 식의 결혼에서 실패하고 이혼을 당한다고 한다. 어렸을 때 성교육 프로그램에는 파트너를 잘 선택하는 법도 가르쳐야 하고, 당연히 성교육도 가르쳐야 한다.

하지만 성교육을 시킬 때 "순결은 곧 생명이다"라는 구시대적인 사고방식을 절대로 가르쳐서는 안 된다. 오히려 많은 사람을 사귀어 보고, 자기에게 잘 맞는 파트너를 고르라고 가르쳐야 한다. 무조건적인 순결론, 무조건적인 사랑은 거기에 몰입한 당사자에게는 큰 상처를 남기게 마련이다.

6 엇갈린 성욕

형사가 와서 살인사건에 대해서 어떤 의견을 물었다. 180 센티미터인 남자가 151 센티미터인 여자와 첫 데이트를 했다. 데이트를 하고 헤어진 후 여자가 집으로 간다고 했는데, 그 후에 살해되었다고 한다. 그 때 데이트했던 남자가 마지막 만난 사람이었다. 그래서 그 남자에게 만나서 한 일에 대해서 조서를 받았다.

그날 남자는 맥주를 6000CC 정도 마셨고, 여자는 술을 마시지는 않았다고 한다. 둘은 벤치에 앉았고, 남자가 여자에게 성관계를 해보자고 요구했다. 여자는 꼭 끼는 청치마를 입었고, 거들과 스타킹을 입었는데, 그것을 벗겨서 무릎 아래까지 내리고 성관계를 했다. 남자는 여자에게 항문 섹스를 요구했다. 그래서 처음에는 항문 섹스, 다음에는 질에, 다시 항문에, 이렇게 세 번 성관계를 한 후 헤어졌다고 한다. 형사의 질문은 그 남자의 말이 진실인가 아닌가였다. 만약에 거짓이라면 그가 범인이라는 것이다. 일단 그 체위가 가능하냐는 것이다. 180센티미터와 151센티미터가 성행위를 할 때 그렇게 꽉 끼는 옷을 입고 항문 섹스가 가능하냐는 것이다.

여자는 뒤로 서서 손은 앞배에 두고 허리를 45도 구부리고, 남자는 뒤에서 손으로 허리를 껴안고 관계했다고 진술했다. 내 생각을 얘기했다. 일단 첫 데이트에서 항문 섹스를 요구하기가 어렵고, 요구했다고 해도 웬만한 여자가 아니면 허락하기가 어렵다. 왜냐하면 항문 섹스는 포르노에서는 자주 해서 남자들이 호기심이 있을지 모르지만, 실제로는 매우 아프고, 보통의 여자는 항문 섹스를 좋아하지 않는다. 또한 길거리에서 할 수 있는 성행위가 아니다.

둘째 그런 옷에 그런 자세로는 항문 섹스가 매우 어렵다는 것이다. 여자가 완전히 허리를 구부려서 손을 바닥에 대면 항문 섹스가 가능할지 모르지만 45도 정도 허리를 구부리는 정도로는 삽입이 어려울 것이라는 생각이다. 셋째는 항문 섹스 후에 질 섹스를 하면, 질에 대변이 묻거나, 아니면 대장균이 검출되어야 한다. 만약 사정을 했다면 정액도 검출되어야 한다. 며칠 후 경찰을 만날 일이 있어 물어보았다. 그 남자가 범인이었다. 왜냐하면, 대장균이 검출되지 않았다는 것이다. 그럼 그 남자의 말들이 거짓이라는 것이다.

왜 살인을 했냐고 물었더니, 여자가 뺨을 때려서 홧김에 목을 조르고, 죽은 후에 성관계를 했다고 한다. 너무나 어처구니없는 일이고, 충동적으로 순간에 일어난 일인데, 너무나 안타까웠다. 만약에 그 남자가 항문 섹스를 하고 싶다고 해도, 첫 데이트에서 여자에게 그것을 요구하는 것은 얼마나 어리석은 일인가? 포르노에서는 그것이 흔히 하는 섹스 행위일지라도, 여자와 충분한 정서적 교류가 형성이 안 된 상태라면 그것을 요구한다고 허락할 여자는 드물다. 10년 이상을 같이 산 부인도 대체로 항문 섹스는 거절한다. 만약에 억지로 하려고 하면 싸움이 난다. 그런데 처음 만난 남자가 여자에게 항문 섹스를 요구했으니 뺨 맞을 일이 아닌가? 그런데 그것을 강하게 요구하다가 끝내 살인까지 하게 되었으니 두 사람의 청춘이 너무도 허망하다.

발기된 남자의 성기는 마치 브레이크가 고장 난 기차와 같다. 멈추기가 너무나 어렵다. 마치 시위를 벗어난 화살과 같다. 이런 상황에서 여자가 강력하게 반응하면 남자는 폭력적인 상태가 되기 쉽다.

이 때는 다른 핑계를 대야 했다. 몸이 매우 아프다거나, 생리를 핑계대거나 그럴 마음의 준비가 안 됐다는 식으로 남자의 성욕을 우회했어야 했다. 충동적이었지만 자제할 수 있었을 것을. 상식적인 선에서의 성지식이 부족한 탓에 너무나 젊은 남녀의 인생이 망가져 버렸다. 안타깝고 가슴이 아팠다.

7 성교 중 요실금, 대부분은 애액이다

옛날 여자들 중에는 성관계 도중에 오줌을 누는 여자들이 있었다고 한다. 그 일로 그녀들은 소박을 당하고 평생 외롭게 지냈다. 어렵게 아이를 낳고, 아이를 낳자마자 바로 힘든 일을 하고, 그래서 생긴 질병인데도 마치 그것이 여자의 잘못인 양 생각하고 그녀에게 그런 형벌을 내렸다고 한다.

지금도 가끔 자신이 성관계 도중에 요실금이 있다고 놀라서 찾아오는 여성이 있다. 그런데 정말로 성관계 중에 요실금이 있을 수 있을까? 요실금이란 소변이 새는 것을 말하는데, 특히 복압이 증가했을 때 소변이 새는 것을 복압성 요실금이라고 한다.

몇 년 전까지만 해도 요실금은 치료법이 없었고, 난산을 한 경우에 '이쁜이 수술'을 해서 요실금을 완화시켰다. 하지만 요실금은 임신과 출산 중에 방광과 요도의 각도가 변해서 생기기 때문에 그 각도를 교정할 목적으로 새로운 요실금 수술법이 생기면서 여자들의 삶에 새로운 변화가 생기기 시작했다.

우리나라도 해마다 10만 명이 넘는 여자들이 요실금 수술을 한다고 한다. 처진 방광을 받쳐주고, 그 각도를 교정해 주면 치료가 되는 것이다. 그런데 정말로 성 관계 중에 요실금이 생길 수 있을까? 물론 복압이 증가하면 가능하다. 하지만 대부분 성관계 중에 나오는 소변이라고 생각하는 것은 소변이 아니라 질의 애액인 경우가 더 많다.

그것을 구별하는 방법이 있다. 일단 소변은 노랗고 지린 냄새가 난다. 하지만 애액은 묽은 우윳빛이고 냄새가 없다. 또한 맛이 없다. 무색무취인 것이다. 그것이 소변과 애액의 차이다. 잘 살펴보면 분명히 구별할 수 있다. 그런데도 남편이 오줌이라고 주장하면 성관계시 패드를 밑에 깔고 하고, 그 패드를 가지고 병원을 방문하기 바란다. 구별을 해 줄 수 있다. 오줌일 경우 지도가 노랗게 그려지지만 애액인 경우 그런 얼룩이 없을 수 있다.

옛날에는 오줌을 눈다고 생각했지만, 현대의학에서 그것은 G스폿이라는 곳에서 나오는 질의 애액이고, 오르가슴을 잘 느끼는 여성에서 더 많이 분비된다고 발표했다. 어떤 여자의 경우는 남자가 사정하듯 많은 양의 애액이 질에서 나온다. 그 애액이 G스폿에서 나온다는 것은 이미 설명한 바 있다. 마치 운동을 하면 땀샘에서 땀이 나오듯 흥분을 하면 애액이 나온다. 당연히 여자가 사정을 할 수 있다는 것을 모르는 남자는 많은 양의 애액이 나오면 소변이라고 생각할 수도 있다. 하지만 질액이 너무 적어서 성교통을 야기할 정도로 불편을 겪는 여성도 있고, 불감증을 호소하는 여성도 있다. 이런 경우는 원인을 일단 알아봐야 하지만, 가장 많은 이유는 불충분한 전희가 원인이거나, 긴장이 안 풀렸거나, 피곤하거나, 혈액순환이 안 좋거나, G스폿이 발달이 안 된 경우이다. 원인에 따라 치료법이 다를 수 있다.

8 성교통, 다양한 체위로 극복하라

성교통을 호소하는 여성들이 많다. 만약 갱년기라면 호르몬의 부족으로 인한 통증인 경우가 많다. 당연히 애액도 부족하고, 그래서 성교통도 생기는 것이다. 이때는 호르몬 치료와 윤활액을 같이 사용하면 매우 좋아진다.

하지만 젊은 여성의 성교통은 약간 다르다. 만약 갱년기 여성처럼 애액이 부족한 경우는 원인이 호르몬 때문이라기보다 전희시간의 부족과 긴장감 등 정신적인 이유가 많다. 이럴 때는 절대로 전희 없이는 삽입하지 못하게 해야 한다. 플레줘라나 알루라 같은 클리토리스에 혈류량을 증가시키는 젤을 5분 이상 남편에게 문지르게 한 후 섹스를 하면, 여자들의 성교통은 얼마든지 줄일 수 있다. 그래도 물이 없으면 에로스테라피를 받아보아야 한다.

그것이 이유가 아니면서 질이 아프다면 질이 후굴인 경우도 있다. 남자들이 발기를 하면 페니스가 위로 휘는데, 여자의 질이 후굴일 경우 당연히 통증을 느낄 수 있다. 이럴 경우는 후배위가 좋다. 혹은 측위나 여성상위로 서서히 시도를 해 보는 것도 좋다. 체위를 바꿔가면서 가장 통증이 적은 체위를 시도하면, 아마도 어떤 체위를 발견하게 될 것이다. 여자의 질의 각도와 남자의 페니스의 각도가 다르기 때문에 생기는 고통이다. 만약 성교통의 증상이 하복부 통증이라면 정액에 들어있는 프로스타글란딘 때문일 수도 있다. 이럴 경우는 콘돔을 쓰거나, 프로스타글란딘 인히비터인 진통제를 미리 복용하고 섹스를 하는 것이 좋다. 정액에 들어있는 프로스타글란딘은 자궁을 수축시키는 효과가 있다. 그래서 사정을 하고 나면 정액에 들어있는 피지가 자궁을 수축시켜서 마치 생리통처럼 배가 살살 아픈 것이다.

또 다른 이유로는 질염으로 인해 질이 부어서 그럴 수도 있고, 자궁근종이나 자궁내막증, 골반염에 의한 유착 등도 원인이 된다. 이럴 때는 진단복강경을 보아서 원인이 있으면 제거해 주는 것이 좋다.

또한 질이 선천적으로 연해서 잘 붓는 여자들도 있다. 그런 경우는 윤활제를 쓰거나, 충분히 애무를 한 후에 하면 별 문제가 없다. 남자들의 경우도 가끔 성교통이 있는 경우가 있다. 전립선염이나 요도염 같은 염증도 원인이 되고 페이로니씨 질환으로 불리는, 성기가 휘는 질환에 걸려서 그럴 수도 있다.

반드시 비뇨기과에 가서 진료를 하고 치료를 조기에 받아야 한다. 이렇게 여러 원인에 의해서 성교통이 발생할 수 있다. 서로 원인이 무엇인지 찾아보고 잘 모르겠으면 전문가를 찾아 진찰해 보는 것도 좋다. 섹스를 하는데 아프면 누구나 하기 싫을 것이다. 재미있는 섹스를 하려면 성교통은 반드시 치료해야 한다.

9 어떤 교수의 강간 사건

신문에 어떤 교수 이야기가 실렸다. 그는 채팅하다가 만난 젊은 여자와 카섹스를 했다. 그녀의 동의 없이 강제로 섹스를 해서 그녀가 고발했다고 신문에 실렸다. 마치 어떤 연예인 이야기와 비슷했다. 참고로 그 연예인은 변호사를 선임해서 재판을 했고 무죄판결을 받았다. 하지만 그 사이에 그는 명예를 잃고 인생의 큰 위기를 맞았다. 잘 나가던 재담꾼이었는데 다시는 TV에서 그를 볼 수 없게 되었다.

그 교수 사건의 진실은 그녀가 카드 빚이 많아서 남자에게 접근했고, 목적은 돈이었다는 것이다. 그녀는 동의 없이 섹스를 했기 때문에 성폭력이라고 주장을 했고 그에게 많은 돈을 요구했다. 하지만 남자는 돈을 줄 정도의 잘못을 안 했기 때문에 계속 그녀의 전화를 받아줄 이유가 없었다. 그래서 그는 전화번호를 바꾸고 그녀의 전화를 받지 않았다. 그녀는 자신의 억울함을 경찰에 호소했고, 그녀의 주장이 받아 들여졌다.

남자는 그녀와 섹스를 하지 않았다고 주장했지만 아무도 그의 말을 믿어주지 않았다. 진위도 밝혀지기 전에 그 사건이 신문에 실렸다. 그 사이에 그는 그녀와의 통화 내용을 녹음해 놓았고, 그 녹음한 내용이 참고가 되어 결국 무혐의로 풀려났다. 그러나 이미 그의 이야기는 전국 방방곡곡에 전해져 사람들의 입에 오르내렸고, 교수회의에서 도덕성과 교수의 권위를 실추시킨 일로 사직을 권고받았다.

그는 결백을 주장했지만 이미 학생들도 그 내용을 알고 있었다. 그가 떳떳하다고 해도 채팅을 해서 여자를 만나고 카섹스를 시도한 것까지 덮을 수는 없었다. 결과가 어쨌든 그럴 의도가 있었다는 것만으로도 교수의 위신을 실추시킨 것이라고 사람들은 생각했다. 결국 사회의 따가운 눈초리 때문에 그는 교수직을 사임했다.

비슷한 사건이 전직 미국 대통령에게도 있었지만, 그는 끝까지 대통령 직을 수행할 수 있었다. 전 세계를 떠들썩하게 했지만 그는 의연하게 대처했고 그의 부인과 국민도 모두 지켜보았다. 그는 섹스는 하지 않았다고 주장했다. 하지만 법정에서 다만 오럴만 했다고 얘기했다. 그래서 오럴 섹스가 섹스냐, 아니냐는 것이 논쟁적 화제로 떠오르기도 했다.

여기서 전직 미국 대통령의 마음을 단번에 사로잡은 아일랜드 출신의 금발미녀가 밝힌 말을 들어보자. "그가 따스하고 이글거리는 눈길로 나를 쳐다볼 때면 난 마치 내 옷이 벗겨져 나가며 몸을 애무당하는 듯한 착각 속에 빠져요. 나도 모르게 순식간에 몸이 달아오르죠. 그 짜릿한 느낌이란 뭐라 설명할 수가 없어요. 그는 확실히 매력적이고 여자를 바보로 만들며 약하게 만들어요." 하지만 그런 그녀도 그를 어려움에 빠뜨렸다. 앞의 그 교수가 어느 정도 사회생활을 한 사람이라면 얼른 돈으로 해결을 해서 그런 지경까지는 안 갔을지도 모른다. 그는 고지식했거나, 돈이 없어서 합의를 안 했거나 못 보고 온 나라에 알려져 버린 것이다. 정말로 그가 억울했을지도 모른다. 하지만 중요한 것은 아무도 그의 말을 믿지 않는다는 것이다. "말은 그렇게 했지만 진짜 했을지도 몰라." 이런 생각을 사람들은 할 수 있다. 또한 요즘 분위기는 여자의 말을 믿어주는 쪽으로 가게 된다. 피해자를 옹호하는 분위기다. 또한 그때의 상황에 목격자가 없기 때문에 당연히 피해자가 그렇게 말을 하면 그녀가 당연히 억울할 것이라고 생각한다.

그 남자뿐 아니고 거의 모든 남자들이 그 나이가 되면 그런 일을 한번 정도는 경험할 것이라고 본다. 아니 마음속으로는 모두 그런 호기심과 충동을 가지고 있을 것이다. 또는 상습적으로 그런 짓을 하는 사람도 있을 것이다. 남자들이 꽃뱀한테 걸리면 다른 남자들의 생각은 대개 이렇다. 남자든 여자든 사생활도 있고 비밀도 있을 텐데 그 비밀이 발각된 그를 순진하다거나 아니면 미숙하다거나 그렇게 생각하는 분위기가 있다. 마치 타산지석처럼 생각하는 분위기다. "차라리 돈을 요구할 때 얼른 줘 버리지"라고 생각하는 남자들도 많다. 평생 쌓아온 명예가 한 순간에 무너져 버리니까 말이다. 그 명예를 지키기 위해서 차라리 그녀가 원하는 돈을 줘 버리는 것이 낫지 않았을까?

그가 결백을 주장하더라도 아무도 믿어주지 않고, 믿는다고 하더라도 교수가 채팅을 하고 차안에서 어떤 시도를 하는 것조차도 용납이 안 되는 사회적인 분위기라면 조용히 사건을 해결하는 것이 낫지 않았을까? 앞으로 그의 부인의 행동과 그의 행동이 궁금하다. 그와 그의 부인과 가족이 겪을 마음의 고통이 느껴진다.

아마 사회의 한 쪽에서 조용히 살아가게 될 것이다. 또는 그 부인과 그의 관계가 지속되지 못 할 수도 있고, 한집에 살면서 남남처럼 살아갈 수도 있을 것이다. 남자의 호기심과 성적 욕망은 여자보다 더 큰 것이 사실이다. 하지만 그로 인해 그가 가진 전부를 내 놓아야 할 상황이 벌어질 수 있는 것 또한 사실이다. 마치 외나무다리를 타는 것처럼 아슬아슬한 것이 사람의 성적욕망과 그 해소 사이에 놓여 있다. 자극이 강하면 강할수록 쾌락이 커지지만, 그 쾌락을 만족시키기 위해서는 엄청난 리스크를 감수해야 한다.

⑩ 의부증, 의존적 인간의 자기도피

가난한 집안의 의사와 미대 나온 군수집 딸이 결혼을 하였다. 그들은 남들이 보기에 화목해 보였다. 하지만 부인은 의부증이 있었다. 남편은 술 먹는 것이 낙이고 취미였다. 의사들 대부분이 그렇다. 일이 끝나면 대부분 밤이고, 그 시간에 놀아줄 사람도 없고, 놀려고 누굴 찾아 나서지 않는 성격 때문이다. 그래서 술과 벗하며 산다. 그런데 그녀는 그런 남편과 매미처럼 붙어 지내고 싶어 했다. 술자리에 꼭 와서 옆에 앉아 있다가 남편을 데리고 들어갔다. 술 먹고 병원에서 자면 새벽에 찾아와서 깨워서라도 꼭 챙겨갔다.

또한 남편을 너무 사랑하여 핸드폰을 챙겨서 친구 찾기에 가입해서 어디에 있는지, 병원에 있으면 누가 당직 간호사인지, 회식하면 어디서 무엇을 먹었는지 확인해야 했다. 남편은 그런 간섭이 너무나 싫었다. 하지만 풍파를 면하기 위해선 참고 지내는 것이 상책이다. 그런 생활이 벌써 10년째이다.

아무리 벗어나려고 해도 부인의 손에서 벗어날 수 없었다. 부인은 일거수 일투족을 다 챙기고 같이 해야 했다. 그것이 그녀가 사랑하는 방식이었지만 남편은 그런 아내를 징그러워했다. 그녀의 아버지는 군수이면서 자상한 아버지였다. 무슨 일이 있으면 자식들이 다니는 학교나 직장을 방문해서 모두 해결해 주었다. 그렇게 키운 자식이 모두 성인이 된 지금까지 직장도 없이 부모의 덕으로 살고 있다. 즉 경제적으로든, 정신적으로든 부모의 과보호는 자식들을 무능하게 만들어 버렸다. 화초처럼 키웠더니 너무 뜨거운 볕이나 비 바람을 견디지 못하는 것이었다.

그녀는 아버지가 해 주듯 남편도 그녀를 똑같이 대해주기 바랐다. 남편이 집에 없으면 너무나 불안하고, 그래서 어쩔 줄 몰라 했다. 그래서 항상 남편 옆으로 와야만 했다. 근무시간에는 수시로 친구 찾기에 들어가서 남편의 위치를 추적하였고, 핸드폰이 아닌 직장전화번호로 전화를 해서 남편과 통화를 했다. 그것도 수시로, 아무 때나.

때론 낮에 직장에 찾아오기도 했다. 처음에는 그것이 사랑이라고 생각했다. 하지만 그것이 의부증이라는 것을 차차 알게 되고 지금은 그것 때문에 너무나 자주 싸우게 된다. 하지만 절대로 그녀는 포기하는 법이 없다. 남편이 항복할 때까지 여러 가지 방법으로 남편에게 다가온다. 어르고, 용서해 달라고 하고, 사랑한다고도 하고, 자식이나 아버지를 내세우기도 한다. 때로는 싸워서 얼굴에 멍이 들기도 하고, 남편 얼굴에 오선지를 그려 놓기도 한다. 때론 직장에 남편을 못 가게 하기도 하고, 남편을 가출시키기도 하고, 술좌석에서 다른 사람의 응원을 받기도 한다. 때론 같이 원불교 사원에 손잡고 나가서 기도도 한다. 하지만 두 사람의 관계는 절대로 좋아지지 않는다. 이럴 때

는 어떻게 해야 하나. 일주일이 멀다하고 싸우지만 항상 부인이 이기고 남편은 포기하고 만다. 오늘도 남편은 목뒤에 손톱자국을 그려가지고 늦게야 출근을 했다. 이혼해야지 마음먹으면서 그는 병원 문을 들어선다. 하지만 절대로 부인이 이혼을 해 줄 리가 없다.

마치 기생충과 숙주의 관계 같다. 절대로 숙주를 놓칠 리가 없다. 숙주가 죽을 때까지 떠나지 않을 것이다. 방법을 달리하면서 달래고 살 수밖에 없다. 그녀와 얘기를 해 보았지만, 그녀는 전혀 말이 통하지 않았다. 자기 방식대로만 생각하고 매사를 자기 좋을 대로 해석했다. 남편의 불만족은 안중에도 없었다. 마치 떼를 쓰는 아이처럼 남편을 졸랐다. 그리고 천진난만하게 언제 그런 일이 있었냐는 듯 남편과 친하게 지냈다. 남편만 괴로울 뿐이었다. 그는 술과 낚시로 세월을 보내야만 했다.

의부증이나 의처증은 치료가 되지 않는다. 포기하고 살든지, 아니면 헤어지든지 둘 중에 하나만 가능하다. 어떤 경우는 파트너가 자살을 하기도 한다. 하지만 그렇게 문제를 해결하는 방식은 너무나 비극적인 것이다. 대개 의처증이나 의부증은 이기적인 성향에서 온다. 자기 마음대로 파트너를 움직이고 싶어 하거나, 아니면 완벽하게 소유하고 싶어 하기 때문이다.

파트너의 모든 시간과 모든 생각을 완벽하게 소유하고 싶어 한다. 그래서 일을 하는 시간 외에는 온전히 자기하고만 시간을 보내고, 자기생각만 하라는 것이다. 그런 사람은 취미생활도 없다. 온통 파트너를 감시하고 파트너와 사랑하고 싸우는 것만이 그의 일상을 채운다. 절대로, 조금도 파트너를 자유롭게 해 주지 않는다.

의부증이나 의처증 환자는 정신적으로 의존할 사람이 필요하게 프로그래밍된 사람인 지도 모른다. 자랄 때 의존적인 성향으로 키워졌기 때문이다. 미리 연애할 때 알아볼 방법은 별로 없다. 왜냐하면 연애할 때는 서로에게 약간 미쳐있기 때문에 그것이 사랑이라고 느끼기 때문이다. 하지만 사랑과 의존은 다르다. 파트너 없이는 아무것도 할 수가 없는 것이 의존이다. 안 보면 보고 싶고, 만나고 헤어진 후에 또 만나고 싶다. 하지만 사랑만으론 살 수가 없다. 만나야 할 또 다른 사람, 해야 할 또 다른 일이 기다리고 있는 것이다. 의부증이나 의처증은 그런 일상적인 삶을 불가능하게 만든다. 내가 과연 이 관계 속에서 무엇을 원하는지를 냉정하게 물어본 후 파트너와 관계 재정립이 필요하다.

11 맛있는 섹스를 찾은 사람들

겉으로 보아서는 하나도 불안할 것이 없어 보이는 예쁜 여인이 병원에 찾아왔다. 성 문제 때문이었다. 그녀는 1년 전에 이쁜이수술을 받았고, 2년 전에는 양귀비수술을 받았다고 했다. 그렇지만 여전히 성관계에서 오르가슴을 느낄 수 없었고, 태어나서 한번도 느낀 적이 없다고 한다.

그녀는 불감증이었다. 하지만 그녀에게는 불감증이 중요하지는 않았다. 그녀는 섹스가 좋지도 않고, 중요하지도 않았다. 그녀에게 중요한 것은 남편이 성관계에서 만족을 느낄 수 없다는 것이다. 그녀는 넓고 남편은 작아서 성관계를 할 때 남편의 페니스가 빠진다는 것이다. 더군다나 그녀의 남편은 자신의 조루가 부인 때문이라고 탓한다는 것이다. 그녀 남편은 성관계 시 1~2분

안에 사정을 하는 조루라고 한다. 그녀는 울면서 말을 이었다.

결국 그녀에게 이쁜이수술을 다시 하고 양귀비수술과 음핵고정술을 같이 시행해 주었다. 만약에 한 달 후에도 질이 넓다고 느끼면 질에 지방을 넣어 주기로 했다. 그녀에게는 불안이 있었다. 남편이 어떤 여자에게 빠지면 헤어나지 못할 거라는 것이다. 남편은 단순하고 쉽게 빠져서, 한번 빠지면 이혼까지 갈 거라는 것이다. 그래서 작년에 친정 엄마 손에 붙들려 이쁜이수술까지 했다. 그녀의 불안을 이해할 수 있을 것 같았다. 중년에 경제적인 능력이 없는 여자는 나이가 들어 점점 매력이 없어지는 육체 때문에 더욱 불안해진다.

그녀는 남편을 잃고 싶지 않은 것이다. 자기의 노후대책이기 때문이다. 또한 이 시대가 불안한 것이다. 요즘은 사람들이 의리도 없고, 절대적인 사랑도 없기 때문에 그녀의 불안은 충분한 근거가 있다. 이제 그녀는 다시 긴장해야 한다. 다시 매력적인 중년의 여인으로 새로 태어나야 한다. 그러기 위해 15년 정도 써 먹었으면 새로 리모델링해야 한다. 가구도 집도 새로 장만하는데 사람의 몸도 마찬가지다. 기름칠도 하고, 나사도 조이고, 새로 인테리어도 하고, 몸도 마음도 리모델링해야 한다.

집을 다시 개조하는데 몇 천만 원씩 들이면서 자기에게는 하나도 투자를 하지 않는다. 더군다나 남편이 쉬어가는 집에 인테리어를 다시 해 주어서 기분 좋게 해 줄 필요가 있다. 집은 휴식처다. 여자의 자궁도 남자에게는 휴식이고 집이고 고향이다. 그 쉼터를 편하고, 멋지고, 자극적으로 만들어서 다른 곳에서는 쉴 수 없게 해 주어야 한다. 그녀는 충분히 매력적인 중년의 여인이다. 그녀가 자신의 매력을 다시 발견하고, 자신감을 갖게 되길 바란다. 한 가정의 안주인으로서, 아이들의 어머니로서, 한 남편의 부인으로서 수술은 잘 되었지만 그녀의 불감증은 서서히 접근해야 하는 문제였다.

너무나 능력이 뛰어난 남편과 살면서 그녀는 자신감이 부족했다. 또한 도덕적인 분위기에서 자라나서 성에 대해서도 너무나 도덕성을 강조했다. 자신의 즐거움을 표현하지 못했다. 그녀는 성교육을 통해서 성에 대한 개념을 바꿔야 했다. 또한 젓가락질을 다시 배우듯 성에 대한 테크닉도 다시 배워야 했다. 자궁에 들어가는 혈액의 양을 늘릴 필요도 있었다. 그래서 혈액순환을 도와주는 운동, 특히 성기에 혈액양이 늘어나도록 운동을 시켜야 했다. 자기 스스로 섹스가 즐겁고, 섹스할 때 재미있게 만들어 주는 작업이 필요했다.

하드웨어와 소프트웨어를 모두 재정비해야 했다. 그렇게 하고 나서 그녀는 자신감을 되 찾았고, 그녀의 불감증도 치료가 되었다. 이제 그녀는 경쟁력이 생겼다고 느끼고 남편에게 당당해졌다. 그 다음은 남편의 문제였다. 남편은 자신의 조루문제를 부인의 탓으로 돌리고 있었지만 그것은 핑계에 불과할 수도 있다. 그는 급한 성격과 자위행위 시의 잘못된 습관으로 인해 조루가 생겼기 때문에 치료의 필요성이 있었다. 느긋하게 하는 섹스에 대한 훈련이 필요했다. 섹스를 할 때 누가 쫓아오는 법은 없다. 그런데 그는 항상 일 처리하듯 급하게 섹스에 접한다는 것이다. 부인을 충분히 느긋하게 애무해주고, 그리고 부인이 충분히 달구어졌을 때 서서히 삽입해야 한다.

체위를 적어도 다섯 가지 이상 바꿔가면서 섹스를 하는 것이 중요하다. 부인에게 오르가슴을 선물하기 위해서는 상당히 오랜 시간 삽입운동을 해 주어야 한다. 몇 초 만에 오르가슴을 느낄 수 있는 여자는 지구상에 아무도 없다. 서로 충분히 재미있는 섹스를 하면 밤새는 줄 모르고 할 수 있다. 섹스가 재미없기 때문에 빨리 끝내는 것이다. 그리고 불만을 갖는 것이고, 욕구가 안 채워지는 것이다. 배가 불러야 다른 것도 하고 싶다. 배가 고픈데 공부나 일에 집중하기는 참 힘들다. 화장실이 급한데 일이 손에 잡힐 리 없다.

그렇게 우리의 욕망은 채워져야 그 다음 진도를 나갈 수 있다. 성욕도 식욕처럼 채워져야 신경이 안정된다. 섹스가 좋으면, 모든 게 좋다. 그러므로 좋은 섹스를 하는 것은 신경안정제의 역할을 한다. 신경이 안정되어야 일도 손에 잡히고, 공부도 하게 되고, 사업도 할 수 있다.

우리는 모두 밤마다 섹스라는 이름의 신경안정제를 복용해야 한다. 그것도 품질이 좋은 최상급으로. 그녀의 불감증은 없어졌고, 그녀의 불안도 같이 없어졌다. 여자가 우울한 것도, 여자가 불안한 것도 모두 그녀의 자궁이 불감증이기 때문이다. 그녀의 자궁이 행복하면 그녀의 우울증과 불안은 불감증과 함께 같이 사라지고 말 것이다.

⑫ 질 경련증, 적극적인 부부가 극복한다

4년간 사귀고 결혼한 지 3주 된 신혼부부가 성교육을 받으러 왔다. 그들은 신혼여행 첫 날이 첫날밤이었다. 4년간 손만 잡고 사귄 것이다. 요즘 보기 드문 플라토닉 러브이다.

그런데 첫날밤, 출혈이 너무 심해서 관계를 끝까지 못하고 이틀 후 또 시도를 했는데 또 피가 나왔다. 결국 그날도 못하고 신혼여행에서 돌아와서 두 번 더 시도를 했는데 부인의 하체가 굳어서 결국 실패하고 말았다. 신혼여행 때의 악몽 때문에 겁이 나서 하체가 굳어버린 것이다. 남편은 마음이 편치 못했다. 밤에 늦게 들어온 부인은 새벽에 일찍 출근하는 남편을 배려한다고 일찍 자라고 해서 남편은 더욱 화가 난 상태였다고 한다. 노력은 하지 않고 피하려고 한다고 생각을 한 것이다.

이것은 질 경련증이, 통증과 출혈의 공포 때문에 2차적으로 생긴 경우이다. 이때는 탈감작요법을 사용해야 한다. 물론 치료의 성공률은 100 퍼센트다. 먼저 스페큘럼과 질초음파 프루브를 넣음으로써 안전하게 질에 무엇인가가 들어 갈 수 있다는 것을 보여 주었다. 그리고는 그녀의 손에 젤을 묻히고 질에 손을 넣어보게 했다. 그러고 나서 그녀의 남편에게 질을 가르쳐주면서 남편의 손가락을 넣어보게 했다. 아주 서서히, 젤을 묻힌 후에 넣게 했다. 성공했다. 출혈도 없고, 그녀의 질이 닫히지도 않았다. 거의 90 퍼센트는 치료된 것과 다름없었다. 이제는 삽입해서 피스톤운동을 하지 않은 채 성기를 질 안에 넣게 해보고, 그것이 되면 다음에 피스톤운동을 해 보라고 교육시켜 보냈다.

다음번에 성교육을 받으러 왔을 때는 둘다 얼굴이 환해가지고 왔다. 언제 그런 고민이 있었냐는 표정이었다. 겁에 질려 있던 부인과, 원망과 근심을 하던 남편의 얼굴이 점점 환하게 피어 있었다. 두 사람은 고민을 해결하기 위해 매우 적극적이었다. 결국 문제는 해결되었고 그들이 오랫동안 행복하리라 나는 믿는다.

결혼한 지 5년이 되었는데 한번도 섹스를 하지 못했다고 부부가 찾아왔다. 처음에는 부인만 진찰실에 들어왔다. 그녀의 이야기를 들었더니, 오럴 섹스도 하고, 애무도 하고, 삽입섹스 외에는 모든 것이 정상이었다. 하지만 남편은 당연히 불만일 수밖에 없다. 삽입을 못하게 하니까 화가 날 수밖에 없다.

하지만 그녀는 남편의 불만을 못 들은 체 하는 수밖에 없었다. 부인의 진찰을 시도했다. 부인은 질 근처에는 손도 못 대게 하였다. 아프냐고 물었는데, 아프지는 않다고 말하면서, 손이 질 근처에만 가도 금새 몸이 움츠러들었다. 왜 안 아픈데도 그러느냐고 물었더니 그냥 무섭다고만 했다. 그래서 마취를 하고 내진을 해 보겠다고 했더니 생각해 보겠다고 했다.

그래서 일단 성교육부터 시작하기로 했다. 하지만 그녀는 다시 나타나지 않았고, 내가 그녀를 치료할 기회조차 주지 않았다. 치료는 본인의 의지와 노력이 중요하다. 질 경련증은 거의 100 퍼센트 치료가 되는 질환인데도, 첫 번째 경우는 협조를 잘 해주니까 금방 치료가 되었지만, 두 번째 경우는 치료에 저항을 해서 접근조차 하지 못했다.

첫 번째 경우에는 치료하려는 노력을 보였지만 두 번째 경우의 여성은 진료 자체도 거부했다. 그녀의 남편은 당연히 절망했을 것이라고 생각한다. 그 둘의 관계가 얼마나 오래 갈지 모르지만 손만 잡고 평생을 살 수 있는 남편이 얼마나 있을까.

왜냐하면 결혼이란 계약 관계는 일단 성관계를 규칙적으로 하겠다는 전제가 깔려 있기 때문이다. 당연히 성관계가 없는 결혼생활은 계약파기나 마찬가지다. 질 경련증은 드문 질환은 아니다. 하지만 빨리 치료를 하면 할수록 치료성적이 좋다. 이런 문제 때문에 고민하는 사람들은 주저 없이 병원을 찾아야 한다. 평생 고민을 하루 만에 해결할 수 있다. 만약 치료가 안되는 질 경련증은 보톡스로 치료할 수도 있다.

⑬ 자궁 근종과 자궁 적출술, 그 후의 성생활

미국 사람과 결혼한 우리나라 여성이 매우 큰 자궁근종이 있는데 생리통도 심하고, 빈혈도 있고, 허리도 아프고, 배도 아파서 자궁을 제거해야만 했다. 그리고 3년이 지났다. 그녀는 매우 성적으로 발달되어 있었다.

오르가슴을 잘 느끼고, 섹스를 좋아하고, 애액도 잘 나오고, 그래서 남편과의 금슬도 너무나 좋았다. 그런데 자궁을 들어낸 후로 남편이 뭔가 이상하다고 자꾸 말을 하는 것이었다. 그녀 또한 성관계할 때 뭔가 허전했다고 한다. 그리고는 점점 섹스가 시들해 갔다. 남편이 예전 같지 않다며 섹스가 재미없다고 얘기했다고 한다. 결국 3년 동안 점점 멀어져서 지금은 이혼의 위기에 와 있다. 왜 그럴까?

자궁 적출술을 하게 되면 자궁을 모두 제거하게 된다. 자궁경부, 자궁체부, 혹은 난소나 나팔관까지 제거하기도 한다. 수술을 하게 되면 생리를 안 하게 되니까 빈혈이 생길 일도 없고, 생리통도 없어지고, 딱딱한 혹이 없어지니까 빈뇨나 요통, 하복부통증도 없어진다. 한마디로 배가 가벼워진다.

이 수술로 딱딱한 혹이 누르는 증상은 없어지는 셈이다. 그러나 자궁경부가 없으면 성관계 시 질의 깊숙한 곳에서 페니스에 닿는 자궁경부의 느낌이 없어서 남편이 허전하게 느낄 수가 있다.

물론 무신경한 사람은 잘 모를 수도 있다. 그런데 예민한 사람은 특히 이런 부분에 허전함을 계속 느끼고 파트너에게 말을 하게 된다. 어쩌면 심리적인 것일 수도 있지만, 자궁경부에 닿는 느낌이 없을 때 쾌감의 맛이 떨어진다고 볼 수도 있다. 하지만 이미 제거한 자궁을 다시 붙일 수도 없고, 여성의 입장에서는 정말로 난감한 상황이다.

여성의 자궁 안에는 A스폿이라는 곳이 있다. 1990년대에 말레이시아 의사가 발견했다.

성적으로 아주 황홀하게 만드는 자극점인 전원개(anterior fornix) 부위, 질과 자궁경부가 서로 연결되는 질의 가장 깊은 곳에서 방광이 있는 방향이다. 즉 질벽의 앞면을 자극하면 쾌감이 높아지면서 질 속 윤활액 분비가 빠르게 촉진되는 부위다.

그런데 자궁 적출술을 시행하면 이 부위가 없어지게 된다. 즉 자궁이 있어야 자궁섹스가 가능하다. 그러므로 자궁근종으로 자궁을 적출한 여성은 A스폿을 자극하는 자궁 섹스는 불가능하다.

이럴 때 여성들이 산부인과에 찾아와서 도움을 청하지만 도와줄 방법이 없다. 왜냐하면 자궁경부를 만드는 수술은 없기 때문이다.

그래서 요즘 나는 자궁 적출을 해야 하는 경우 자궁경부암 검사를 미리 해서 암이 아니라는 것을 확인하고 자궁경부를 남기는 자궁 적출술을 2년간 시행했다. 그리고 나서 관찰을 했더니 성관계에 아무 이상이 없이 자궁 적출술 후에도 부부사이가 원만했다.

자궁 혹으로 고생하던 여러 가지 증상은 없어지면서 자궁경부를 남겨두니 성관계 시 남편의 불만도 없고, 난소를 남겨 두었더니 호르몬에도 이상 없는, 정말로 이상적인 자궁 적출술이 되었다.

하지만 이미 자궁을 적출한 여성의 경우는 어떻게 할까? 일단 성관계 시 남편이 느끼는 허전함을 없애기 위해 자궁경부가 있었던 곳 근처에 실리콘 볼을 넣어 주었다. 그리고 질을 좁혀주고 스프링처럼 탄력을 주는 수술을 해 주었다. 그랬더니 놀랍게도 성관계의 만족도가 높아졌다.

인간이 정신적인 동물인지, 육체적인 동물인지는 모르겠다. 하지만 익숙한 생활에 변화가 왔을 때, 자기에게 주던 즐거움이 변했을 때, 다시 그 즐거움을 주는 대상을 찾게 된다. 하지만 그것을 잃은 사람들의 슬픔은 세상을 모두 잃은 것처럼 크다. 이럴 때 산부인과 의사로서 그런 여성을 도울 수 있다는 것이 나의 기쁨이다.

난 산부인과 의사로서 수술을 해야 되는 상황이 오면 습관적으로 수술 후 그 사람의 성생활에 대해 미리 걱정하게 된다.

이것이 그 사람에게 미치는 영향은 너무나 크다. 나의 고민이 한 여성에게, 한 가정에, 그리고 사회에 도움이 된다는 자부심과 기쁨이 있다.

14 질압이 높은 여자가 정말 명기일까

여성 질의 상태를 다섯 가지로 나누면 질압, 질을 수축하는 시간, 질 넓이, 질액, 질 온도 등이다. 이 상태를 측정해서 그것을 점수로 환산하는 것이 가능하다.

즉 △질압이 높은지 낮은지(페니스를 조이는 힘이 강한지 약한지) △질을 수축하는 시간이 긴지 짧은지(얼마나 오랫동안 물고 있는지) △질 넓이(질이 좁은지 헐거운지) △질액(얼마나 촉촉한지) △질 온도(얼마나 따뜻한지) 등을 100점 만점으로 계산한 것이다. 그리고 나는 그 사람의 성생활과 지수와의 상관관계를 관찰, 비교했다. (122페이지 그래프 참조)

다섯 가지는 모두 다 중요한 요인이다. 보통의 여성은 개인별로 차이가 많지 않았다. 평균정도의 따뜻함과 촉촉함을 가진 여성들이었다. 하지만 현저히 차이가 나는 것이 있었다.

그것은 질압이었다.

질압이 낮은 사람과 높은 사람들을 비교하였더니, 질압이 높은 사람은 그것이 어마어마한 무기였다. 그녀와 자 본 사람은 그녀를 잊을 수 없어했다.

어떤 여성은 항문압과 비슷할 정도로 높은 질압을 가지고 있었다. 남성들이 항문섹스를 좋아하는 이유는 항문의 힘이 좋기 때문이다. 항문의 괄약근은 힘이 좋다. 당연히 페니스가 들어가면 페니스를 자를 정도로 항문 괄약근의 힘이 세다. 그런데 어떤 여성은 질의 힘이 항문의 괄약근만큼 세다는 것이다. 당연히 그녀와 성관계를 가진 남성은 그녀에게 힘을 쓸 수가 없다.

그런 여성은 타고 나기도 하고, 훈련에 의해 가능하기도 하다. 먼저 질압을 재고 케겔운동을 2~3개월 시켜 본 후에 다시 질압을 재보면 마치 복근에 왕

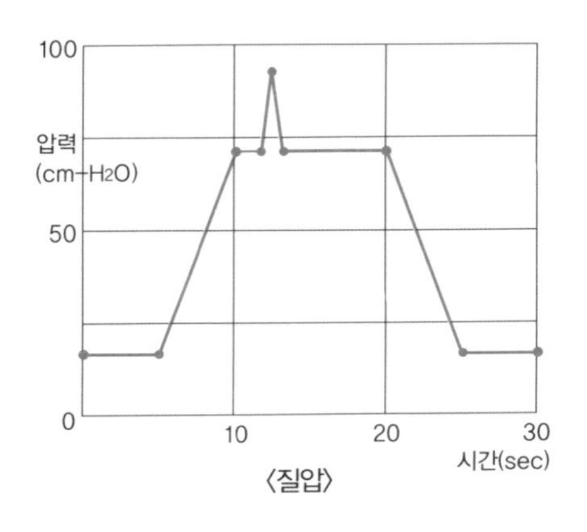

〈질압〉

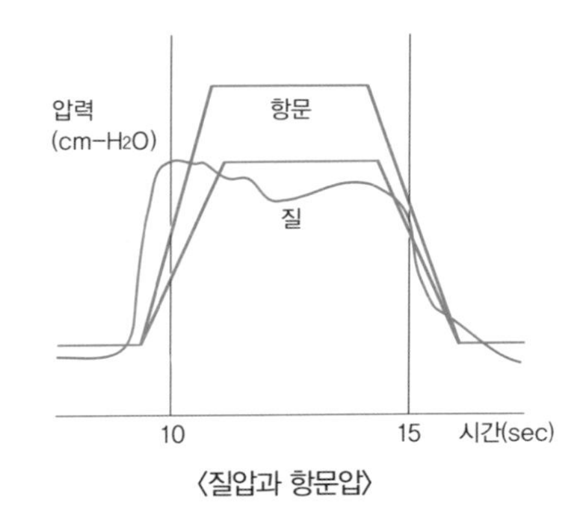

〈질압과 항문압〉

자가 써지듯이 질압이 높아져 있다. 당연히 그 사이에 부부 사이의 금슬은 매우 좋아진다.

좋은 악기는 매우 비싸다. 마찬가지로 명기는 대단한 가치를 갖는다. 그런데 그것은 그냥 얻어지는 것이 아니다. 모든 좋은 것은 피나는 노력에 의해서만 얻어진다는 것을 명심할 필요가 있다.

속 좋은 여자(명기) 급수 테스트

	등급	점수
질압	1등급(70 이상)	20점
	2등급(60 이상)	15점
	3등급(50 이상)	10점
	4등급(30 이상)	5점
	5등급(30 이하)	3점
	100이상	세계적 명기
질구간	1등급(30초이상)	20점
	2등급(20초이상)	15점
	3등급(15초이상)	10점
	4등급(10초이상)	5점
	5등급(10초이하)	3점
질넓이	1등급(80~100)	20점
	2등급(100~130)	15점
	3등급(130~170)	10점
	4등급(170~200)	5점
	5등급(200 이상)	3점
질액	1등급(촉촉함)	20점
	2등급(약간 젖어 있음)	10점
	3등급(건조함)	5점
질온도	1등급(따뜻함)	20점
	2등급(미지근함)	10점
	3등급(차가움)	5점

100점 만점	1등급
90점 이상	2등급
80점 이상	3등급
70점 이상	4등급
60점 이상	5등급
50점 이상	6등급
40점 이상	7등급
30점 이상	8등급
20점 이상	9등급
10점 이상	10등급

15 소음순과 질염

질염의 원인은 여러 가지다. 그런데 자꾸 염증이 생기는 사람 중에 유독 소음순이 긴 사람이 있다. 우리 몸에는 입술이 두개가 있다. 얼굴에 있는 입술과 외음부에 있는 입술이다. 아래에 있는 입술을 소음순이라고 한다.

소음순은 길이 6.5 센티미터, 폭 1.8~3.9 센티미터, 두께 0.4 센티미터로 대음순의 안쪽에 있고, 음핵 바로 위에서 질 입구의 밑까지 이어져 있다. 이들 두개의 피부 주름은 대음순보다 얇고 체모나 지방 조직을 가지고 있는 신경말단이 분포되어 있으며, 대음순보다 앞쪽으로 돌출되어 있다. 모양이나 색깔은 여성에 따라 다르고, 성적 흥분 상태에 따라 변한다.

사춘기 이후에는 얇고 닫혀 있지만 이는 점차 부풀어 오르고 35세쯤에 최대가 되었다가 그 후 다시 평평해진다. 소음순의 앞쪽은 핑크에서 적자색으로, 바깥쪽은 핑크에서 암갈색으로 변한다.

소음순의 색이 검거나 모양이 크면 섹스를 많이 했다는 속설도 있다. 하지만 그것은 멜라닌 색소와 관계가 있고, 경험과는 관계가 없다. 하지만 임신 때 멜라닌 색소가 증가하기 때문에 임신한 후에는 약간 검어지기도 한다.

인터넷 게시판을 보면 성기 모양에 대한 질문이 많은데, 특히 이런 속설 때문에 소음순 수술을 하러 오는 여성도 많다. 여성 성기는 우리들의 얼굴 생김처럼 모두 다르고, 그 때문에 자신의 성기에 불만을 가질 수도 있지만 어떤 것이 예쁘고, 어떤 것이 못 생겼다는 기준은 사람마다 다르다. 참고로 소음순 성형수술은 본인이 원하는 디자인대로 해 줄 수 있고, 얼굴에 콤플렉스를 가진 것처럼 그런 것에서 자유롭지 못하면 수술을 해도 된다.

소음순이 지나치게 길어서 그로 인해 항상 습하고, 질염을 달고 사는 여성도 있다. 그럴 경우에는 산부인과 의사가 소음순 성형수술을 권하기도 한다. 실제로 수술을 한 후에 물어보면 염증이 거의 안생긴다고 한다. 또한 요즘처럼 똥꼬바지나 꼭 끼는 치마, 꼭 낀 청바지를 입으면 소음순이 지퍼에 낄 수가 있다. 소음순이 비대하여 소변 줄기 방향이 똑바르지 못하거나, 소음순이 커서 성관계 시 반드시 손으로 열어줘야 하는 경우도 수술을 한다.

요즘처럼 불 켜놓고 오럴 섹스를 먼저 하고 난 후에야 메인 섹스를 할 수 있는 세대에게 소음순은 제일 먼저 보게 되는 여성의 외음부이다. 소음순의 모양이 여성의 조개모양을 좌지우지 한다고 해도 과언이 아니다.

이럴 경우 제일 먼저 다른 사람과 비교되는 것이 소음순이다. 모양이 다르다고 말을 하면 소음순을 지칭하는 것이다. 그래서 아래가 예쁘다, 밉다는 것은 소음순의 모양과 관계가 있다.

단정하고 예쁘장한 소음순이 있는가 하면, 길고 늘어진 것, 핑크색, 거무튀튀한 것, 짝짝이, 두 줄짜리, 꽃잎모양, 짧고 뭉퉁한 것 등 모양도 제각각이다. 천 명이 천 가지의 소음순 모양을 가졌다. 그래서 소음순은 매우 다양하다.

안젤리나 졸리나 브래드 피트의 입술이 섹시하게 보이는 것은 아랫입술이 도톰하면서 툭 까져 있기 때문이다. 두 사람을 보면 키스하고 싶은 생각이 절로 들게 한다. 바로 그것이 요즘 종교인 '섹시교' 이다.

21세기는 섹시해 보인다는 것보다 더 큰 찬사가 없을 정도로 사람들이 섹시, 섹시를 노래 부른다. 바로 소음순도 그렇다. 섹시해 보이거나, 예쁜 입술을 가지게 할 수 있는 부위다. 소음순이 예쁘면 여성의 외음부가 모두 예뻐 보인다. 마치 가지런하고 하얀 치아가 보기 좋듯이 단정하고 예쁜 소음순은 깨끗하고 먹기 좋아 보인다.

제 3 장

아는 만큼 짜릿하다 실전테크닉 9가지

실전테크닉 1 여성상위의 위력

오르가슴을 느끼기 위해서는 노력이 필요하다. 공부도 열심히 해야 요령을 터득할 수 있듯 섹스도 마찬가지다. 실험정신을 발휘해 여러 가지를 시도하고 새로운 방법을 개발해야 한다.

일반적으로 여자는 청각과 촉각에 민감하고 남자는 시각에 예민하다. 포르노 잡지나 영화, 비디오 등을 즐겨 보는 비율이 남자가 여자보다 압도적으로 많다는 점이 이 같은 사실을 증명한다.

섹스에 있어 남자의 시각과 여자의 촉각이 교감할 수 있는 부분은 바로 가슴이다. 남자는 여성의 가슴을 볼 때, 여자는 남자가 가슴을 애무해줄 때 성적 흥분을 느낀다. 남편이 아내의 가슴을 애무할 때는 격렬하게 하는 것이 좋다. 처음에는 부드럽게, 깃털로 문지르듯 양손으로 살살 만진 다음 서서히 힘을 가한다. "당신 가슴 정말 대단해. 옷 입으면 오히려 작아 보이나 봐!"라며 가슴을 칭찬하는 말을 귀에 대고 속삭이면 더 좋다.

남편의 시각을 자극하기 위해 아내는 수동적인 자세에서 벗어나는 것이 좋다. 더 과감한 행동을 시도하라는 것이다. 아내가 스스로 옷을 벗기보다는 남편에게 '당신이 벗겨줘' 라고 부탁하는 것도 좋은 방법이다. 부부가 같이 야한 비디오를 보는 것도 좋다. 남편을 자극할 수 있는 방법이다. 그걸 보면서 침대에 누워 남편 등 뒤에서 천천히 애무를 받으면 더욱 효과가 크다.

여자는 남자에 비해 오르가슴에 도달하는 시간이 길다. 하지만 누구나 노력만 하면 5분 안에 오르가슴에 오를 수 있다. 스스로 훈련을 해야 한다. 첫 번째 방법은 '여자가 몸을 활짝 드러낸 채 남자 위로 올라가는 것' 이다. 남자는 여자가 상위에서 섹스하는 모습을 보면 흥분이 고조된다. 이때는 여자가 기마자세로 올라 타 앉는 게 중요하다. 이 체위는 여성이 클리토리스의 마찰 속도와 양을 조절할 수 있어서 오르가슴에 도달하는 데 도움이 된다.

두 사람의 가슴이 맞닿을 수 있도록 여자가 몸을 숙이면 클리토리스가 더 자극을 받아 쉽게 오르가슴에 도달할 수 있다. 여자가 오르가슴을 느끼기 위해서는 섹스 도중 클리토리스를 자극하는 것이 중요하다. 남자는 피스톤 운동을 통해 페니스가 직접 자극을 받기 때문에 쉽게 사정을 한다. 여자도 마찬가지다. 섹스 도중 여성의 최고 성감대인 클리토리스에 직접적인 자극을 가하는 것이다. 남자의 페니스와 여자의 클리토리스는 '기능' 이 같기 때문에 이를 자극하는 것이 쾌감에 빨리 도달하는 길이다.

여자가 오르가슴에 도달하기 위한 방법 중엔 자위행위가 있다. 자신의 성감대를 충분히 계발하는 것이다. 섹스할 때 자위하는 모습을 상대방에게 보여주는 것도 색다른 자극제다. 상대방이 자위를 하면서 오르가슴에 이르는 모습 그 자체가 흥분제 역할을 한다. 쑥스럽다고 생각지 말고 시도하라. 한번 시도해 보면 그 다음은 쉽다.

상상력을 동원하는 것도 몸의 감각을 깨우는 데 효과가 있다. 은밀한 상상이 뇌를 자극, 흥분으로 연결되고 이는 파트너의 흥분을 더욱 고조시킬 수 있다. 언젠가 포르노에서 본 장면을 떠올려보는 것도 좋다. 침실이 아닌, 다른 곳에서의 섹스를 상상하는 것도 권하고 싶다. 섹스 시 시큰둥항 반응은 금물이다. 상대방이 무안해 하면 분위기를 망친다. 소리를 내거나 갖가지 상상을 동원해 호흡을 맞추며 상대의 흥분을 고조시킨다.

노력하면 노력할수록 발달하는 게 성감이다. 이른바 '용불용설' 이 정확히

적용되는 분야다. 자신을 위해서, 또 남편의 만족을 위해서 '명기'가 될 수 있도록 갈고 닦는 노력이 필요하다. 남자들이 좋아하는 삽입 섹스는 3가지 구성요소가 있다. 따뜻함, 촉촉함, 조임이 그것이다. 남자들은 여자의 몸이 따뜻해 안을 때의 느낌이 좋은 경우, 애액이 많이 나와 촉촉한 느낌이 드는 경우, 삽입을 했을 때 질이 잘 수축되는 경우에 열광한다.

한국인들은 섹스를 무겁게 생각하는 경향이 있다. 섹스도 일상적인 부부생활의 일부분으로만 생각한다. 부부간 대화가 줄고 친밀도가 낮아지면 섹스 횟수도 줄고 충분한 만족감을 느낄 수 없는 것도 그런 이유 때문이다. 부부싸움 후 "내가 섹스를 하나 봐라" 하고 버티다 보면 대화도 줄고 부부 사이도 서먹해진다. 부부가 행복하려면 무엇보다 '몸의 대화'인 섹스가 잘 통해야 한다. 부부싸움 후 배우자가 미울 때도 섹스를 하는 것이 좋다. (섹스를) 하다 보면 서로에 대한 미움도 금방 잦아들게 마련이다. 남편 앞에서라면 음란한 여자가 되는 것을 부끄럽게 여기지 말아야 한다.

실전테크닉 2 교성에는 미학이 있다

섹스할 때 나는 소리는 성적 만족도를 측정할 수 있는 기준이다. 아울러 상대를 흥분시켜 오르가슴에 도달할 수 있게 하는 멋진 자극이다. 신음 소리를 높이는 방법은 의외로 간단하다. 상대방의 성감대를 제대로 알고 애무하고, 만족도가 높은 체위를 이용하는 것이 그 비결이다.

여성들 상당수는 오럴 섹스에 대해 부정적이다. 남자들은 그러나 오럴 섹스

시 깊은 쾌감을 느끼게 된다. '오럴' 은 간단한 것 같지만 그 종류마다 쾌감이 다르다. 단순히 입 안에 성기를 넣고 피스톤 운동을 하는 것으로는 부족하다. 목 깊숙이 넣은 후 혀끝으로 애무하는 것이 효과가 좋다. 혀와 손의 적절한 사용이 중요하다. 혀 끝으로 남편 성기의 측면을 간질이듯 핥거나 전립선 주변을 자극하면 훨씬 강렬한 신음을 들을 수 있다. 남녀를 불문하고 항문 주위는 매우 민감한 성감대다. 그 부분을 손가락으로 자극을 주면 매우 강한 쾌감을 느끼게 된다. 또 남자의 가슴을 애무하다가 그곳을 자극하면 예상 외로 강한 쾌감이 전달된다. 기본적인 요령은 그곳에 글자를 쓴다는 기분으로 시도하는 것이다. 혀와 손 끝으로 번갈아가면서 자극하는 것이다. 그러면 듣는 사람까지 흥분할 정도의 신음 소리가 흘러나오게 될 것이다. 여성의 신음 소리는 질과 클리토리스를 동시에 자극해야 크고 강렬해진다. 거짓으로 내는 소리에는 거친 숨소리가 빠져 있지만 자극적인 애무와 진정한 오르가슴에서 나오는 소리엔 거친 숨소리가 묻어 있다.

여자의 신음 소리를 충분히 이끌어내려면 어떻게 해야 할까. 먼저 충분한 전희를 통해 클리토리스를 자극해야 한다는 전제가 있다. 그래야 피스톤 운동이나 회전운동 시에 자극을 느낄 수 있다. 오르가슴에 도달하면 신음 소리는 저절로 터져 나온다. 여자가 쾌감을 가장 잘 느끼는 체위 중 하나는 남자가 침대 끝에 걸터앉은 상태에서 그 위에 여자가 앉아 삽입하는 체위다.

이 체위는 페니스로 질 안쪽을 자극하는 것 못지않게 남자가 손으로 여자의 허리를 전후좌우로 움직여 음핵을 자극할 수 있도록 유도하는 것이 중요하다. '거북이 체위' 도 권장할 만하다. 여자가 똑바로 누워서 양 다리를 가슴 쪽으로 최대한 끌어당긴 채 뒤집어진 거북이처럼 눕는 체위다. 거북이 체위시 여자는 태아를 모습을 닮았다. 다리를 가슴 쪽에 끌어당기면 자궁구가 배 아래쪽으로 밀려 '질구'의 길이가 짧아지는 특성이 있다. 실제로는 깊이 삽입하지 않았는데도 깊이 삽입하는 효과를 얻을 수 있는 체위다. 게다가 이 상태에서는 여성의 외성기가 잘 보여 클리토리스를 자극하기도 쉽다. 남성의 치골이 클리토리스에 부딪혀 자연스럽게 자극을 받을 수 있는데다 질벽 전체가 동시에 자극받아 신음 소리가 커질 수밖에 없다. 여성이 무릎을 꿇은 채 엎드리고 남성이 뒤쪽에서 삽입하는 후배위에서는 고환을 이용해 신음 소리를 높일 수 있다. 이때는 남성의 도드라진 고환이 여성의 클리토리스를 자극할 수 있도록 남성이 여성의 몸에 최대한 밀착시키는 게 중요하다. 남자들은 상대의 반응에 민감하다. 여자가 '진짜' 오르가슴에 올랐는지 몹시 궁금해 하는 경향이 있다. 여자가 오르가슴에 올랐을 때는 숨길 수 없는 몸의 변화를 감지할 수 있다. 질에 넣은 손가락은 꽉꽉 조여지고 클리토리스 주변의 근육이 수축운동을 한다. 온몸을 비틀면서 다리를 안쪽으로 오므려 더 이상의 자극을 하지 못하도록 하기도 한다. 온몸을 비틀기도 하고 다리를 안으로 오므려서 손을 못 움직이게 한다. 온몸은 땀으로 범벅이 되기도 한다. 이 때는 괴성에 가까운 신음 소리가 흘러나온다.

실전테크닉 3 '스타일 섹스'가 권태기를 극복한다

결혼 후 어느 정도 시간이 지나면 권태기가 찾아온다. 특별한 이유가 없어도 배우자에게 짜증을 내며 서로 '소 닭 보듯 쳐다보는' 무덤덤한 생활이 지속되기도 한다. 문제는 대부분의 부부가 권태기에 접어들면 일상생활 뿐 아니라 성생활도 활력을 잃는다는 점이다.
권태기는 자연스런 현상이다. 권태기의 30~50대 남자들은 체위에 대한 불만을 호소한다. "이런저런 체위를 해보고 싶은데 아내가 응해주지 않는다"는 것이 그들의 불만이다. 색다른 체위나 오럴섹스 등을 하고 싶은데 아내가 따라주지 않는 경우 갈등이 심화될 수 있다. 섹스를 할 때 그 어떤 체위가 부끄러운가. 사고의 전환이 필요하다는 것이다. 섹스 시 다른 사람의 방해를 받으면 그 쾌감은 현저히 떨어진다. 아이가 있거나 부모와 함께 사는 경우 신음소리가 문 밖으로 새어나가지 않을까 전전긍긍하게 된다. 이런 생활이 지속되면 권태기도 빨리 찾아오고 부부간 성생활 만족도도 현저히 떨어진다.

이럴 때 부부가 함께 모텔에 가보는 것도 좋다. 마음껏 소리 지르면서 섹스를 하는 것이다. 대부분 모텔에서는 농도 짙은 영상물이 방영되는데 배우들이 하는 체위를 그대로 따라 해보는 것도 방법이다. 포르노에서는 오럴섹스가 단골 메뉴다. 방법도 다양하다. 부끄럽게 생각지 말고 그대로 따라 해보자. 성기를 애무하는 것 자체를 좋아하지 않는 여자들이 많다. 이런 부부라면 먼저 남편이 아내의 성기를 정성스럽게 애무한 후 아내에게 요구하는 순서를 따르자.

자신의 성기를 애무해 줄 때 가만히 있지 말고 배우자의 손가락을 입에 넣어보라. 그 느낌 또한 말로 표현할 수 없는 쾌감을 불러일으킨다. 남편이 아내의 성기를 애무할 때 아내는 '과감히' 자신의 가슴, 특히 유두를 자극하는 것이 좋다.

남성은 여성이 자위하듯 자신의 몸을 어루만지는 것을 보면 강한 자극을 받는다. 여자가 성관계를 하면서 자신의 몸을 애무한다는 게 말처럼 쉬운 일은 아니다. 그러나 일단 시작하면 곧 익숙해진다. 가슴뿐 아니라 자신의 성감대를 어루만지는 것도 좋다. 또한 남녀를 불문하고 발가락이 의외로 강렬한 성감대다. 발가락을 애무하면 그 느낌이 아주 특별하다.

성기나 발가락 등이 더러울 것 같다는 선입견을 버리면 섹스의 질은 달라진다. 권태기에는 '깜짝쇼'가 필요하다. 다소 퇴폐적인 행위로 느껴진다 하더라도 한번쯤 눈 딱 감고 시도해볼 만한 것들이 많다. 부드러운 스카프나 빗, 그리고 가는 칫솔을 이용해 상대방의 전신을 자극해보라. 손이나 입으로 자극할 때와는 전혀 다른 느낌이 온몸에 퍼질 것이다. 성감대에 생크림이나 초콜릿, 시럽, 딸기잼을 바른 뒤 핥아먹도록 하는 것도 시도해볼 만한 방법이다. 남녀의 성기 부위뿐만 아니라 유두에 같은 방법을 적용하는 것도 아주 자극적이다.

배우자를 아내나 남편이 아닌, '애인'으로 생각하는 것도 좋다. 아예 "당신은 오늘 내 애인이야"라고 말하고 섹스를 하는 것이다. 마치 배우자가 아닌 다른 사람과 섹스를 하는 듯한 착각에 빠져들도록 하는 것이다. 이 경우 사람은 같은데 다른 사람과 색다른 섹스를 하는 듯한 느낌이 든다. 그래서 더 흥분하게 되는 것이다. '비정상적인 섹스'라고 반문할 사람이 있을지 모르겠지만 그 정도의 일탈은 크게 문제될 게 없다.

처음 섹스를 나눴던 장소에 찾아가 그 당시와 똑같은 방법으로 섹스를 해보는 방법도 있다. 첫 섹스 전후의 대화들은 대부분 잊지 않고 기억하는 법이다. 첫 키스를 나눴던 곳에 찾아가는 것도 좋다. 그곳에서 첫 키스의 추억을 재공유하는 것이다. 그 순간은 연애시절의 뜨겁던 감정이 되살아나는 때이기도 하다. 성생활에 대해 허심탄회한 대화를 주고받는 부부는 섹스에 대한 만족도가 높다.

성감대나 특별한 요구사항은 직설적으로 상대에게 알려주는 것이 중요하다. 평소 수다를 잘 떨다가도 섹스할 때는 입을 꾹 다무는 주부가 적지 않다. 그러나 아내나 남편 모두 성감대의 애무법을 상대에게 주문하는 것이 큰 도움이 된다. 좀 쑥스럽다면 자신의 손으로 성감대를 가리키며 '여기 한번 혀끝으로 애무해줘' 라든가 '좀 더 가볍고 천천히 터치해 줘' 라는 식으로 주문하라. 섹스의 재미를 배가하는 양념 역할을 톡톡히 한다.

실전테크닉 4 전희, 6단계의 열정을 배우자

신혼 때 섹스는 왜 즐거울까. 사랑의 열정이 식지 않은데다 정성껏 애무하는 전희의 시간이 길기 때문이다. 전희야말로 황홀한 섹스의 전제다. 선택이 아닌 필수라는 것을 명심해야 한다. 섹스 테크닉의 기본 중의 기본이다. 전희가 제대로 이뤄지면 로맨틱한 분위기를 연출할 수 있고 성적 쾌감도 높일 수 있다.

남자의 성감대는 대부분 페니스 주위에 몰려 있다. 자극에 대한 반응이 빠르기 때문에 전희 없이 사정이 가능하다. 그러나 여자는 성감대가 온몸에 고루 분포돼 있다. 성적 쾌감이 서서히 퍼지기 때문에 전희가 꼭 필요하다.

섹스를 할 때만 전희가 이뤄지는 것이 아니다. 부부생활 전반에 걸친 행동에서 표현되는 것이다. 스킨십, 가벼운 키스 혹은 야한 농담 등도 전희의 일종이다.

전희는 육체적 행위에만 국한되는 것이 아니다. 사랑의 감정, 욕구 등에 대한 대화도 전희의 한 형태다.

전희는 크게 6단계로 나뉜다.

첫 번째 단계는 남녀가 포옹을 한 채 여자의 뺨과 이마, 그리고 눈꺼풀과 목덜미 등을 손으로 어루만지고 가볍게 입술에 키스를 하는 것이다. 그 다음은 키스를 하면서 남자의 손이 여자의 귓불과 가슴, 배 등을 살며시 애무하는 단

계다. 처음부터 과격한 자극은 삼가는 것이 포인트다. 서서히 달아오르도록 하는 게 좋다.

세 번째 단계에 접어들면 남자의 입술이 여자의 목덜미에서 가슴 쪽으로 이동하는 게 좋다. 이때 가슴을 혀로 애무하거나 유두를 살짝 깨물어본다. 다음 단계에 접어들었을 때 유두를 조금 더 강하게 자극한다. 남자의 손이 여자의 허벅지 안쪽을 부드럽고 섬세하게 애무하고 외음부를 가볍게 어루만진다. 이때 성적 쾌감은 탄력을 받게 된다. 다섯 번째 단계는 '딥 키스'다. 즉 서로의 혀를 받아들일 정도로 깊이 있는 키스를 나눈다. 남자의 손바닥은 여자의 가슴을 가볍게 만지작거린 채 애무를 계속하고 다른 손으로는 외음부와 그 주변 성감대의 애무를 반복한다. 마지막은 클리토리스에서 소음순 주변을 만져보고 애액의 정도를 탐지하는 단계다.

만일 윤활유 역할을 하는 애액이 적다고 생각되면 가볍게 손가락으로 클리토리스를 자극한다. 전반적으로 너무 세게 애무하지 말고 되도록이면 섬세하고

가벼운 접촉을 되풀이하는 것이 요령이다. 섹스 중에는 페니스가 직접 클리토리스와 접촉하지 않기 때문에 전희 마지막 단계에서는 오럴섹스를 통해 충분히 클리토리스를 자극하는 것을 잊지 말아야 한다. 전희를 할 때 남자가 잊지 말아야 할 포인트가 있다. 천천히 해야 한다는 것이다. 결혼생활을 오래한 부부일수록 가볍게 키스하고 가슴을 살짝 어루만지다가 바로 '본론', 즉 피스톤 운동에 돌입한다.

그런 섹스는 아내에게 즐거움을 주지 못한다. 전희를 잘하면 조루증세가 있는 남자라도 여자를 극치에 도달시킬 수 있다. 전희 도중 흥분이 가라앉아 발기가 되지 않는다고 고백하는 남성들이 의외로 많다. 전희를 꺼리는 남자들은 곧바로 삽입하고 피스톤 운동으로 직행한다. 외국에서는 정도가 심하면 '전희 공포증'으로 분류, 별도의 치료를 받기도 한다.

전희를 꺼리는 남편에게는 아내가 솔직하게 전희의 필요성을 말하는 게 좋다. 침대나 거실보다 카페나 술자리에서 이야기해보자. 감정을 배제한 채 대화할 수 있기 때문이다. 이때 "섹스할 때 왜 그 모양이냐"는 투로 남편을 질책하는 건 금물이다. 상대는 물론 자신의 자존심도 상한다. 가능한 한 냉정하게 이야기하는 것이 중요하다.

남자가 전희를 할 때 여자가 조금 과장된 신음소리를 내는 것도 좋은 방법이다. 남편이 아내를 위해 최선을 다하는 순간 쾌감을 느끼고 있음을 알리라는 것이다. 칭찬을 해주는 것도 효과 만점이다. "어제 당신 정말 대단했다"는 말을 건네면 남자들은 이 말에 고무된다.

칭찬을 들으면 전희에 더욱 신경을 쓰게 된다. 여자의 오르가슴은 전희에 달려 있다 해도 과언이 아니다.

실전테크닉 5 G스팟, 성감대의 신천지가 있다

G가슴(G-gasm)이란 G스팟(G-spot)의 자극을 통해 오르가슴에 도달하는 것을 말한다. 과거 여성의 오르가슴은 클리토리스를 자극하는 것이 유일한 방법으로 여겨졌다. 그러나 1944년 독일 산부인과 의사 그라펜베르크가 처음으로 G스팟의 존재를 보고한 뒤 활발한 연구가 이뤄졌다. G스팟은 여성의 신체 가운데 가장 강렬한 성적 쾌감을 불러일으키는 곳으로 알려지게 됐다. G스팟의 G는 그라펜베르크의 이름 첫 글자에서 따온 것이다.

G스팟에 의한 오르가슴은 클리토리스에 의한 일반 오르가슴에 비해 그 쾌감이 강렬하다. 클리토리스는 G스팟과 연결돼 있다. 클리토리스의 신경이 G스팟을 통과하고 척수를 통해 뇌와 연결돼 있다. G스팟을 통한 오르가슴은 한번 느끼면 절대 잊을 수 없을 만큼 강렬하고 독특하다. G스팟은 질의 2-3cm 안쪽에 위치해 있다. 손가락으로 만졌을 때 혹처럼 느껴지는데 자극을 가하지 않은 상태에서는 땅콩 정도의 크기다. 일단 자극을 받으면 호두처럼 부풀어 오른다. 일부 여성은 G스팟을 자극받고 남성처럼 사정을 하기도 한다. G스팟의 위치를 확인하려면 쪼그리고 앉은 자세에서 손가락을 질에 넣어 낚싯바늘처럼 구부린 다음 만져보면 된다. G스팟은 자극을 가하면 부풀어 오른다. 클리토리스가 자극을 받아 흥분하면 크고 딱딱해지는 것과 비슷한 현상이다. 남성이 여성의 G스팟을 자극하려면 이렇게 해보자. 여성이 누운 상태에서 가운뎃손가락을 질에 넣은 다음 손가락을 구부려 G스팟을 문지르면 된다.

이때 클리토리스도 같이 자극을 하면 쾌감은 배가된다. 또 손가락을 질에 넣은 채 움직이지 않고 오럴섹스를 해도 효과가 높다. G스팟 오르가슴은 클리토리스 오르가슴보다 훨씬 쾌감이 강하다. 남성의 페니스가 여성의 G스팟을 직접 자극하게 하려면 후배위(여성이 남성에게 등을 보이면서 완전히 엎드려 있거나 혹은 무릎을 꿇고 엎드린 상태에서 남성이 여성의 엉덩이 뒤쪽에서 삽입하는 체위) 자세에서 엉덩이 아래쪽에 베개를 여러 개 받친 다음 위에서 아래쪽을 향해 삽입하면 된다. 이때 G스팟이 커지는 것이 느껴지면 동작의 강도를 높여서 G스팟을 더 부풀어 오르게 한다. 여성이 요의를 느낄 때까지 계속 자극하는 것이 중요하다.

요의가 느껴지는 이유는 G스팟이 커지면서 방광을 자극하기 때문이고, 약 30초 후 이 느낌은 사라진다. 요의가 느껴질 때 때 중단하지 않고 계속 자극을 하면 G가슴으로 바뀌게 된다. 이때 주의할 점은 자극을 멈춰서는 안 된다는 것이다.

남성이 피스톤 운동을 할 때 여성이 '더 강하게 혹은 약하게, 더 빠르게, 천천히, 원을 그리면서' 등의 주문을 직접 표현하는 게 좋다. 아니면 반대로 남성이 여성에게 '강한 자극이 느껴지는 각도'를 물어봐도 된다.

G가슴에 도달하면 여성의 심장 박동이 빨라지고 숨이 거칠어진다. 이때 숨을 고른 다음 1분 정도 쉬었다가 다시 자극을 가한다. 이런 과정이 반복되면 굉장히 강렬한 느낌의 '멀티오르가슴'을 맛볼 수 있게 된다. 이때 여성은 G스팟 자극을 통한 '사정'을 하게 되는데 사정을 할 때 약간의 소변이 섞여 나오는 경우도 있다. 소변이 나오는 것을 방지하기 위해서는 평소 케겔운동을 하는 것이 좋다. 여성의 사정액은 애액과 다르다. 남성의 전립선에서 나오는 것과 같은 화학구조를 갖는 PAP(Prostate Acid Phosphatase)다. 정자만 없

을 뿐이지 정액과 거의 유사하다.

흥분을 하면 요도 주위에 피가 차 요도 안에 있는 스케너씨관에서 분비되는 액이다. 과거에는 여성이 사정을 하면 요실금으로 생각해 부끄러워하고 아예 성관계를 기피하기도 했다. G가슴을 통한 사정은 모든 여성이 항상 경험할 수 있는 것은 아니다. 아예 경험하지 못하는 여성도 있다. 똑같은 체위나 방법으로 성관계를 하더라도 일부 여성은 전혀 오르가슴에 이르지 못하는 것과 유사한 현상이다.

여성이 사정이나 오르가슴에 도달하지 못했다고 해서 성적으로 무능한 것은 아니다. 경험 부족과 피곤함 등이 원인일 수도 있기 때문이다. G스팟을 통한 G가슴은 약간만 어긋나도 느낄 수 없다. 그렇기 때문에 G스팟을 자극하기 전에 충분한 오럴섹스가 필요하다. 오르가슴에 다다를 수 있는 사전 여건을 만들어야 한다는 뜻이다.

실전테크닉 6 오럴 섹스, 남성이 좋아하는 이유가 있다

남성이 좋아하는 최상의 섹스 방법 중 하나가 오럴섹스다. 오럴섹스를 싫어하는 남성은 거의 없다고 해도 과언이 아니다. 여성이 열심히 자신의 성기를 애무하는 광경 자체가 남성을 흥분시킨다. 물론 여자 입장에서는 사실 달갑지 않은 섹스 테크닉이다. 남성들은 시각적인 자극에 의해 발기를 한다. 그런데 40대 전후반이 되면 시각적인 자극만으로 발기가 안 되는 경우가 많다. 특히 야한 비디오 등을 통해 강한 자극에 많이 노출된 남성은 특히 더 발기가 안된다.

이런 남성에게 오럴섹스를 통한 직접적인 자극은 훌륭한 발기약이다. 오럴섹스는 이제 상식이다. 부부간의 친밀감을 높여주고 흥분을 도와주는 강력한 자극제다. 삽입 섹스보다 훨씬 쾌감이 높아 남성을 흥분시키는 확실한 방법이다. 하지만 대부분의 여성들은 남성의 성기를 입으로 애무하는 것에 대해 거부감을 갖고 있다. 이 경우는 사전에 대화를 나누고 오럴섹스를 시도하는 것이 포인트다. 오럴섹스를 거부하는 이유 중 하나는 비위생적이라는 생각 때문이다.

이 문제를 해결하기 위해서는 부부가 함께 샤워하는 것이 좋다. 서로 상대방의 몸을 깨끗이 씻어주는 것이다. 그래서 깨끗하다는 인식을 만든 후 오럴섹스에 임하면 거부감이 줄어든다. 성상담을 하다 보면 대다수 남성이 아내가 정성껏 오럴섹스 해주기를 바라는 마음을 가지고 있다는 것을 알 수 있다. 오럴섹스를 할 때는 가장 편안한 자세를 취하는 것이 좋은데 여성 상위가 적합하다. 여성이 남성 위에 걸터앉거나 성기 아래쪽에 엎드리는 자세가 편안한 체위다.

오럴섹스를 할 때는 남성도 자신의 몸에서 일어나는 반응을 솔직하게 털어놓는 게 좋다. 남성이 서 있거나 의자에 앉아 있으면 여성이 그 앞에 무릎을 꿇고 앉아 애무하는 것도 좋은 방법이다.

오럴섹스는 성기의 앞쪽에 키스한 다음 전체를 가볍게 애무하면서 시작하는 게 좋다. 여성이 손가락으로 성기 아래쪽을 반지 모양으로 감싸 쥔 채 성기를 애무하면 쾌감이 커진다. 많은 여성들이 남성의 가장 예민한 성감대가 귀두라고 알고 귀두를 손으로 애무하는 데만 정성을 기울이는 데 사실은 그렇지 않다. 귀두와 성기를 손으로 애무하는 것은 생각보다 쾌감이 그리 크지 않다.

대부분의 남자들은 아내가 자신의 성기를 입 안에 넣었을 때 신음소리를 낸다. 부드러운데다 따뜻하고 촉촉한 느낌이 여성의 질과 비슷하기 때문이다. 오럴섹스가 서투를 경우 남성은 오히려 통증을 느끼거나 지루해할 수도 있다.

이럴 경우는 오럴섹스를 하면서 성기 주변을 어루만지거나 가슴을 애무하는 것이 좋다. 성기를 지루하게 애무하기보다는 아예 남성을 엎드리게 한 후 양손으로 성기 주변과 엉덩이를 부드럽게 애무하는 방법이 의외로 남성을 크게 흥분시킨다. 고정관념을 깨고 애무를 하면 섹스가 한층 즐겁고 행복해진다.

엄지와 검지 손가락, 그리고 입으로 귀두 부분을 자극하면서 다른 손으로 성기를 감싼 채 위아래로 움직이는 애무를 대다수 남성들이 좋아한다. 하지만 사람마다 조금씩 다르기 때문에 어느 부위를 어떻게 자극했을 때 쾌감이 커지는지는 직접 물어봐야 한다. 입과 손으로 성기와 그 주변에 강하고 약한 자극을 반복하면서 남성에게 "어떻게 애무해주는 게 더 좋아?" 하고 묻는 식이다.

이럴 때 남편은 자신의 몸에서 일어나는 반응을 숨김없이 털어놓아야 섹스에 큰 도움이 된다. 남성의 성기는 매우 약한 부분이라 치아가 닿으면 매우 고통스럽다. 따라서 성기를 입에 넣을 때는 치아에 닿지 않도록 조심해야 한다. 오럴섹스 중에 턱과 목, 입이 아플 때는 손으로 피스톤 운동을 계속하면 쾌감을 유지하는 데 큰 도움이 된다. 또한 입이 움직이는 동안 양손으로 성기를 잡은 채 오럴섹스를 하면 성기가 입 안에 깊이 들어가는 것을 막는 완충 작용을 한다. 한편 오럴섹스 중에 여성이 눈물 콧물이 나면서 구역질이 나는 것은 정상적인 반사작용이므로 크게 걱정 할 필요는 없다. 남성의 성기는 사정 이후 통증에 매우 예민해져 약간의 움직임도 참기 힘든 상태가 된다. 사정 후에는 성기에 가볍게 입맞춤을 한 후 몇 분 동안 지그시 손으로 잡고 있어 주면 좋다.

오럴섹스는 여성의 불감증 치료에도 큰 도움이 된다. 불감증으로 고통 받는 여성들 중 상당수는 오럴섹스만으로 오르가슴에 도달할 수 있다. 남성이 입술과 혀 등으로 음핵과 성기 주변에 적절히 자극을 가하면 대다수 여성은 오르가슴을 맛보게 된다.

여성 중에는 은밀한 곳을 보여주기 싫어 오럴섹스를 거절하는 경우도 있는데 잘못된 생각이다. 오럴섹스를 통해 쾌감을 느껴 본 여성은 배우자에게 또 해달라고 할 만큼 자극적이다. 남성들은 여성들이 오럴섹스에 대해 거부감을 갖지 않도록 분위기를 유도하는 게 좋다. 애무의 강약을 잘 조절하는 것이 무엇보다 중요하다.

섹스는 조화다. 무엇보다 중요한 건 부부가 오럴섹스에 대해 허심탄회하게 대화를 해 오해를 없애야 한다는 것이다. 내가 상담했던 한 주부는 먼저 오럴섹스를 해 달라고 말하기가 쑥스러워 오래 고민했다. 그러다가 어렵게 남편에게 오럴섹스를 부탁했는데 의외로 남편이 흔쾌히 응해줬다고 한다. 남편은 아내가 오럴섹스에 거부감을 가지고 있는 줄 알았던 것이다. 그 날 이후 두 사람은 오럴섹스를 주고받게 됐는데 섹스는 말할 것도 없고, 부부생활이 한층 즐거워졌다고 한다.

실전테크닉 7 신음소리 없는 섹스는 오아시스 없는 사막

옛 유고슬라비아에서는 여성의 성기를 '다리 사이에 있는 귀' 라고 일컬었다고 한다. 또 고대 이집트에서는 간음한 여자를 처벌할 때 귀를 잘라냈다는 이야기가 전해진다. 귀를 여성의 성기와 동일하게 여긴 것이다. 귀는 남성이 여성에 대한 성적 정복 욕구를 느끼는 첫 번째 신체기관이기도 하다.

맘에 드는 여자와 성적인 접촉을 시도할 때 입술에 앞서 귓불을 살짝 어루만지는 것도 이러한 이유 때문이다. 귀는 우리 몸의 가장 중요한 성감대 중 하나인 것이다. 귀를 직접 어루만지는 것 외에 상대방의 신음소리를 통해 자극을 받기도 한다. 여성들이 신음소리를 내며 오르가슴에 도달하는 모습을 보면서 남자들은 또 다른 절정을 맛보게 되는 것이다.

섹스할 때 간혹 아내가 거짓으로 오르가슴에 도달한 것처럼 신음소리를 내 허탈감을 느끼는 남편들이 있는데 그렇게 생각할 필요가 없다. 신음소리를 냄으로써 여성 스스로 오르가슴에 한 발 다가설 뿐만 아니라 남성의 흥분을 유도하기 때문이다. 권태기에 이른 부부들의 침실은 조용하다는 공통점이 있다. 섹스할 때 신음소리가 거의 없기 때문이다. 사람들은 성행위를 하는 동안 매우 다양한 소리를 내는데 이는 서로의 벽을 없애고 일체감을 느낄 수 있는 수단이 된다. 섹스할 때 신음소리가 없다면 이는 오아시스 없는 사막과 같은 것이다. 여성은 남성으로부터 애무를 받거나 남성의 성기를 몸 안에 받아들였을 때 자신도 모르게 신음소리를 내게 된다. 어떤 여성은 나지막하게 읊조리는 반면 어떤 여성은 방음벽이 필요할 정도로 신음소리가 크다. 천차만별인 여성의 신음소리는 남성으로 하여금 "내가 이 여성을 만족시켜

주고 있구나" 하는 생각이 들게 하며 섹스에 더 몰입하도록 만든다. 상대방의 신음소리를 높여주는 주요 성감대가 어딘지 모르는 사람이 많다. 일단 눈꺼풀은 자극에 민감해 살짝 키스를 해주는 것만으로도 쾌감을 느낄 수 있다. 눈꺼풀과 관자놀이를 입과 혀로 간질이듯 자극하면 흥분도가 높아져 신음소리를 이끌어낼 수 있다. 귀가 민감한 성감대라는 게 널리 알려진 반면 귀 아래 목선이 성감대라는 것을 아는 사람은 드물다. 귓불 못지않게 자극에 민감한 목선 부분을 손가락이나 혀로 살짝 만져주면 신음소리가 저절로 나오게 된다.

양쪽 어깨에 가로로 있는 쇄골 역시 여성의 신음소리를 높여주는 곳이다. 이곳을 입으로 핥거나 살짝 깨물면 여성에게 색다른 쾌감을 줄 수 있다. 풍만한 유방과 유두는 여성의 보편적인 성감대지만 유방이 갈라지는 가슴골 V라인도 신음소리를 높일 수 있는 곳으로 손꼽힌다. V라인을 따라 위에서 아래로, 아래에서 위로 입과 혀, 손으로 애무해주면 좋다. 섹스할 때 상대방의 발을 애무하는 사람은 드물다.

청결하지 못하다는 생각 때문에 선뜻 애무할 마음이 생각나지 않는 것이다. 하지만 발은 대단한 성감대 중 하나다. 발가락을 애무하거나 발바닥을 자극할 때 예상치 못한 쾌감을 맛볼 수 있다. 발가락을 하나하나 정성껏 애무해주면 여성은 성적 쾌감이 높아지고 많은 사랑을 받고 있다고 느끼게 된다. 발목 위쪽에 돌출된 복사뼈도 신음소리를 높여주는 성감대다.

숨어 있는 성감대는 무릎 뒤쪽이다. 혀를 사용해 이곳을 자극해보자. 여성은 몸을 뒤틀 정도로 간지럼과 쾌감을 동시에 느낀다. 손으로 무릎 뒤쪽을 자극하고 입으로 무릎을 동시에 자극하면 더 큰 신음소리를 들을 수 있다.

엉덩이가 갈라지는 둔덕 사이를 애무해보자. 남녀불문하고 쾌감이 극대화돼 자신도 모르게 탄성을 내뱉게 된다. 물론 성기 주변을 혀로 자극하는 것도 신음소리를 높여준다. 단 성기를 직접 입으로 애무하기 전 성기 주변을 애무하는 것이 포인트다. 적극적으로 대화를 나눠도 좋다. 대담해지라는 말이다. 지금의 기분을 말해달라고 요구한다든지, 사랑한다고 외친다든지, 상대방에게 더 큰 신음소리를 요구하는 것 자체가 더 큰 흥분을 유도한다.

흥분이 되면 자연스럽게 신음소리가 터져 나오지만 성격상 소리를 내는 게 익숙지 않은 사람이 있다. 요조숙녀처럼 보이고 싶은 위선은 바람직하지 않다. 그런 고정관념에서 빨리 벗어나야 즐거운 섹스의 향연이 펼쳐진다. 신음소리가 절로 터져 나오게 하려면 상대의 가장 민감한 성감대가 어디인지 발굴하려는 노력도 아끼지 말자.

소리내기 레슨

여성의 성격상 소리 내는데 익숙하지 않다면 몇 가지 방법을 익혀두는 것이 좋을 것이다, 섹스가 지속되는 동안 여성의 신음은 리듬감을 유지해야 한다. 단, 전희 단계에서는 너무 오버하지 않는 것이 좋다. 전희 단계에는 얕은 숨소리를 상대의 귓가에 느낄 수 있도록 불어주는 식이 좋다. 남성이 가슴이나 옆구리 등 주요 성감대를 자극해오기 시작할 때 가볍게 강도를 높이자. 발성은 '아' 보다는 '음' 정도가 좋다.

그리고 성기를 직접적으로 자극해오고 삽입직전으로 돌입한다면 신음과 한숨소리를 번갈아 내준다. 거친 호흡소리와 함께 리듬감을 유지하면서 삽입 전에 반드시 몇 차례 교성을 내지른다. 삽입 후에는 피스톤 운동의 강약을 유지하며 여기에 리듬을 맞춘다. 신음과 한숨소리만으로 지루하다면 간간히 잔기침과 흐느낌, 가벼운 통증을 호소하는 것도 좋은 효과가 있다.

실전테크닉 8 조루는 완벽주의자들의 질병이다

남자들은 조루를 가장 무서워한다. 조루는 성기능 장애 중 하나로 우리나라 남성의 50~60%가 경험하고 있는 증상이다. 조루가 지속되면 아내의 성적 불만이 쌓이고 남자 스스로도 섹스를 기피하게 돼 부부관계에 악영향을 미친다. 남편의 조루는 아내에게도 허무한 일이지만, 남편 자신에게 말 못할 스트레스를 안겨준다.

세계보건기구가 조루에 대해 정의한 내용을 보면 지속의 시간이 기준이 아니다. 자신의 의지와 무관하게, 원하지 않는데도 사정하는 것을 조루라 한다.

일반적으로 5분 이내에 사정하는 횟수가 전체 성 관계 중 50%를 넘으면 조루라고 볼 수 있다. 남성은 섹스를 체험하는 과정에서 사정의 시기를 자신의 의지대로 조절하는 법을 익히게 된다. 그게 잘되지 않는 사람이 있다.

조루란 '사정을 빨리 하느냐 그렇지 않느냐'의 문제가 아니라 '사정을 조절할 수 있느냐 없느냐'의 문제라는 것이다. 남성의 조루는 아내의 도움과 세심한 배려로 치료할 수 있다.

조루는 꼭 신체적인 문제에서 비롯되는 게 아니다. 어떤 사람은 첫 섹스 때부터 지속적으로 조루 증세가 나타나기도 한다. 완벽주의자에게서 자주 나타나는 현상이다.

일정 기간 정상적으로 섹스를 하다가 갑자기 조루가 발생하는 경우도 있다. 정신적인 충격을 받거나 우울증을 겪을 때다. 가족이 사망하거나 실직, 그리고 아내와 감정대립이 극에 달했을 때도 일시적인 조루현상이 발

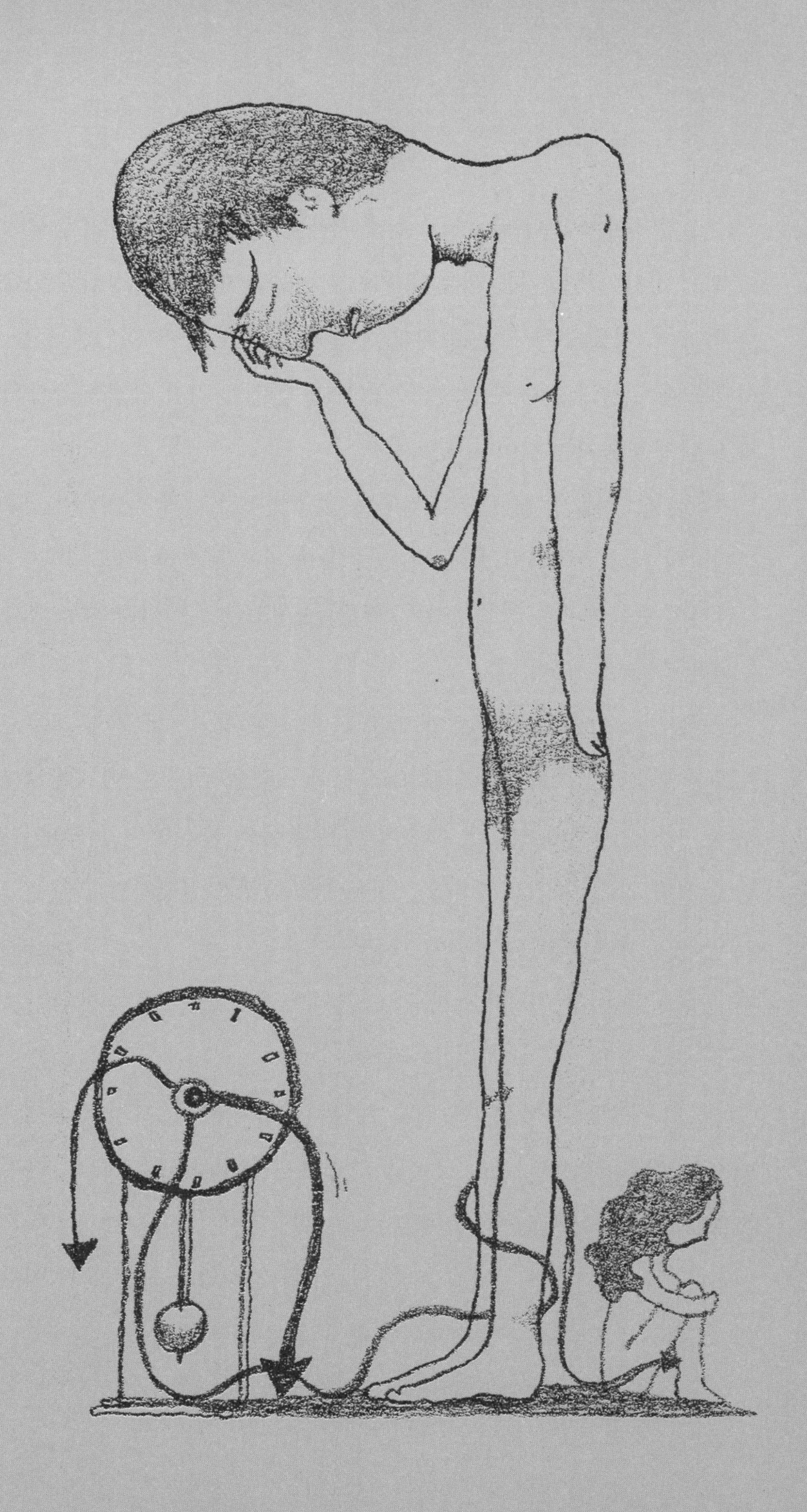

생한다.

삽입 없이 애무만 나누는 섹스를 몇 차례에 걸쳐 연습한 다음, 남편이 아내의 허벅지 사이에 성기를 끼운 채 피스톤 운동을 하면서 사정지연 연습을 해보자. 조루 치료에 큰 도움이 된다. 연습을 끝낸 후 진짜 삽입을 했을 때 두 사람 모두 몸을 움직이지 않는 게 좋다. 질 안에 성기가 삽입된 상태의 기분과 느낌만을 즐기는 것이다.

아내는 삽입 후 몇 분 동안 움직이지 않고 있다가 살짝 회음부의 근육을 움츠리고 펴기를 반복하면서 남편의 반응을 살피는 게 중요하다.

남편이 흥분해서 사정할 것 같으면 얼른 성기를 질에서 빼고 손으로 귀두 부위를 꽉 잡아주어야 한다.

'스톱 앤 고(stop and go) 테크닉' 도 2~3주 동안 시도하면 조루 치료에 도움이 된다. 이 테크닉은 남편이 사정의 느낌이 왔을 때 아내에게 신호를 보내 사정의 기미가 사라질 때까지 애무나 몸의 움직임을 멈춰야 한다. 설혹 남편이 일찍 사정을 해버리는 경우에도 아내가 실망하는 기색을 드러내지 않는 것이 중요하다. 남편이 사정을 하지 않고 잘 참으면 그 다음번 섹스부터 삽입한 이후 아내가 리듬을 조절해가며 몸을 조금씩 움직이는 것이 좋다.

남성의 사정 조절이 좀 더 쉬운 체위는 여성상위다. 사정 직전에 이르면 이전에 했던 방법과는 달리 성기를 질 밖으로 빼내지 않은 채 아내가 몸놀림을 멈춰야 한다. 남편의 흥분이 좀 가라앉았다 싶으면 다시 아내가 몸을 움직인다. 그렇게 몇 번 반복하면서 남편이 사정 시기를 조절할 수 있도록 아내가 돕는 것이다. 스퀴즈 테크닉도 조루 치료에 큰 도움이 된다.

'스퀴즈(squeeze)란 '쥐어 짠다' 는 뜻이다. 스톱 앤 고 테크닉보다 적극적인 치료법이다. 스퀴즈는 사정 직전에 아내가 엄지와 집게손가락으로 남성의 귀두관이 있는 부위의 페니스를 둥글게 감아쥐고 강한 압박을 가하는 것을 말한다.

삽입 섹스 중 사정 충동이 생기면 그 직전에 아내에게 자신의 상태를 말해준다. 아내는 엄지손가락과 집게손가락 사이에 페니스의 귀두 바로 아랫부분을 끼우고 이곳을 3~4초 정도 강하게 조인다.

이렇게 하면 어느 정도 페니스에 힘이 빠지게 되는데 만약 발기가 약해지지 않을 때는 시간을 15~20초 정도 연장해도 된다. 사정 충동이 감소하면 다시 애무를 시작한다.

조루를 치료하기 위해서는 남편이 쾌감에 도달하더라도 사정을 하지 않도록 아내가 조절자의 역할을 잘 해야 한다. 사정을 어느 정도 조절할 수 있을 때 남성상위 체위로 바꿔서 삽입해 피스톤 운동을 시작하자. 아내의 유도가 중요하다. 남성상위 체위에서는 남편의 흥분이 고조됐을 때 아내가 흥분을 떨어뜨릴 수 있도록 자극을 줄여야 한다.

그러다가 3분 이상 강도 높은 자극을 해본다. 삽입 후 5분 정도까지 사정을 지연하도록 남편과 아내가 흥분상태를 합심해서 조절해 나가야 한다. 반복하며 연습하다가 아내가 오르가슴에 도달하는 순간 사정을 하는 것이다. 이런 과정을 거치면 어느덧 정상적인 섹스가 가능해진다.

실전테크닉 9 케겔운동, 골반을 조이면 남녀 모두 행복하다

케겔운동은 남녀 모두에게 좋은 운동이다. 요실금, 질압높이기, 사정조절하기 등 남녀성기능 장애, 성기능개선에도 모두 사용될 수 있다. 이런 케겔운동은 처음 요실금치료에서부터 시작됐다.

1940년대 말 산부인과 의사인 아놀드 케겔 박사는 요실금을 치료할 목적으로 하루에 300-500번 골반근육을 수축했다가 이완하라고 가르쳤다.

1970년대에는 분만을 앞둔 산모들에게 하루에 100-200번 골반운동을 시켰다.

1980년대 말에는 하루에 2차례씩, 20분간, 골반을 빠르게 수축하고 이완했다가, 10초 동안 길게 수축했다가 이완하는 운동을 시켰다.

1990년대 초에는 골반근육에 복근과 엉덩이 근육까지 같이 사용하도록 가르쳤다.

이 운동의 핵심 방법론은 빠르게 골반근육을 수축, 이완한다는 것이다. 10초간 수축, 10초간 이완한다. 골반근육을 수축하는 동안 복근과 엉덩이 근육을 이완한다. 골반근육을 수축하는 동안 호흡을 조절한다. 하루에 2번, 20분씩 한다. 최근에 하는 케겔운동은 아래와 같다. 1주일에 3-5분, 하루에 3번 하는 훈련이다.

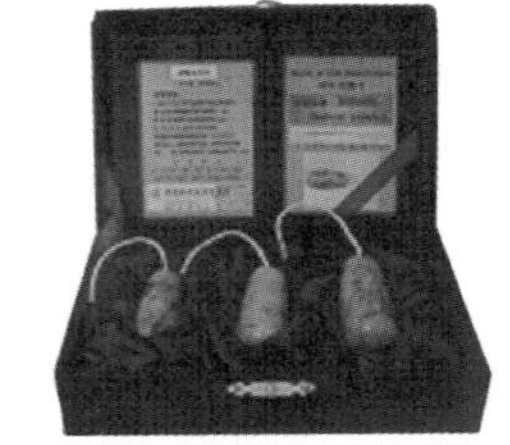
천연비취로 만든 케겔콘은 여성의 질 건강에도 좋다.

1단계 **골반근육 이완하기**

골반근육을 이완하고, 숨을 들이마시고, 내쉬고, 어깨, 가슴에 힘을 빼고 마음과 골반근육을 연결한다. 그 근육은 앞의 치골뼈와 뒤의 꼬리뼈사이에 그물침대처럼 연결되어 있다.

이 그물침대 근육을 조심스럽게 수축시키면서 위로 들면서, 안으로 조인다. 이때 항문과 요도를 같이 수축시킨다. 그리고 나서 다시 힘을 푼다. 그리고 다시 조이고, 풀고, 이렇게 1분정도 시행한다. 소변보다가 참을 때처럼 하고, 이때 숨은 계속 쉬고, 다른 근육의 긴장을 뺀다. 숨을 들이쉴 때 골반근육은 수축시키고, 숨을 내쉴 때 골반근육을 이완한다. 들이쉬면서 수축하고, 내쉴 때 이완하고 천천히 다섯을 세면서, 하루에 2-3회 시행한다.

2단계 **허벅지 안쪽 근육과 힙 근육 사용하기**

작은 볼을 무릎 위 다리사이에 끼운다. 무릎과 허벅지를 안쪽으로 모으면서, 허벅지 안쪽근육과 골반근육을 10을 세면서 수축시킨다. 이때 복부와 엉덩이근육의 힘은 뺀다. 수축과 이완을 5~10회 반복하고 하루에 2~3차례 시행한다.

밴드를 무릎위에 묶는다. 이때 무릎을 5센치 정도 띄우고 천천히 10을 세면서 무릎을 밖으로 돌리고 힙 근육을 사용하면서 방광, 요도, 장은 안정시키면서, 5~10회 수축과 이완을 하고, 하루에 2-3회 시행한다.

3단계 **서서 하는 운동**

서서 무릎을 구부리고, 다리를 약간 벌리고, 골반근육을 안으로 쪼이면서 수축하고, 이완한다. 이때 천천히 숨을 쉬면서 10회 반복한다. 이것은 서있는 동안 할 수 있는 좋은 운동이다.

4단계 **골반근육과 하복부근육을 사용한다.**

숨을 내쉬면서 다섯을 세고 하복부근육을 수축시킨다. 숨을 들이 마시면서 하복부근육을 이완시킨다. 하복부근육을 수축시키고, 무릎을 안쪽으로 돌리면서 다섯을 센다. 이때 무릎을 회전하면서 골반근육을 수축시킨다. 숨을 들이마시면서 복부근육을 이완시키면서 골반근육도 이완시킨다.

팁 질을 5등분해서 1층, 2층, 3층, 4층, 옥상으로 생각해서 한단계식 나눠서 질을 조인다.

엘리베이터를 탔을 때를 연상하면 된다. 1층, 2층, 3층, 4층, 옥상까지 올라가면서 천천히 자연스럽게 조이고, 다시 위에서부터 엘리베이터를 타고 내려오는 기분으로 이완한다. 3번 정도 반복한다. 케겔운동은 요실금으로 고민하는 사람들에게도 좋다. 돈이 안 들면서, 남들 눈에 띄지 않게 할 수 있는 너무나 간단한 운동이다. 하지만 매일 규칙적으로 연습하는 것이 쉬운 일은 아니다. 오직 연습만이 성적기능을 높일 수 있는 방법이다. 우리의 멋진 성생활을 위해서 골반을 조여 보자. 특히 그냥 케겔운동을 하는 것보다는 케겔콘을 사용해서 질 운동을 하는 것이 좋다. 질의 근육을 만드는데 시간도 적게 들고, 훨씬 효율적으로 질을 훈련시킬 수 있다.

마치 아령 들고 팔운동한 것과 맨손체조가 각기 다르게 팔 근육을 단련하는 것과 같은 이치다. 질 근육을 잘 훈련시키면, 남자들이 그 질 안에서 헤어 나올 수가 없다.

질 근육의 훈련유무는 질압을 측정해서 객관적으로 파악할 수 있다. 많이 운동한 사람은 질압이 매우 높게 나온다. 분만한 사람과 분만 안 한 사람의 차이보다, 운동한 사람과 운동 안 한 사람의 차이가 더 크다. 세상에 연습보다 더 중요한 것이 있을까? 이제부터 질을 쪼이자. 그래야 당신의 섹스가 고양된다.

제 4 장

성공적인 성생활을 위한 섹스상식 17가지

섹스의 상식 1 전기 진동기는 인간의 위대한 발명품

전기 기계식 진동기는 1980년대에 한 영국인 내과의사가 발명했다. 이 장비는 '히스테리'로 진단받은 여자들을 내과에서 치료할 때 사용할 수 있도록 고안되었다.

과거 서구에서는 히스테리성 여성 환자는 마사지로 오르가슴을 느껴야 한다는 게 일반적인 치료 방법이었다. 이 방법은 히포크라테스 시대부터 시작되어 1920년대까지 명맥을 유지했다. 히스테리는 당시 여자들에게 흔한 질병이었다. 장기간 흥분 상태를 수반하는 성적 불만족 상태로 진단되었다.

흥분 증상은 대단히 다양하다. 걱정, 불면증, 신경질, 초조, 성적 상상, 하복부 팽만감, 골반 하부 부종, 질분비 과다, 홍조, 성적 감각의 이상 고조, 과잉반응 등이 있다. 심지어 아주 잠깐 (보통은 1분도 채 못 되는) 동안이기는 해도 정신을 잃었다가 깨어나고는 어리둥절해하기도 한다. 당시로서는 치료 과정이었지만 골반 부위 마사지는 내과의사에게 지겨운 잡일이었을 것이다.

진동기를 발명한 목적도 단순 반복 작업을 줄이자는 데 있었다. 실제로 진동기는 전체 치료 과정 중 마사지만을 전담하여, 의사의 수고를 덜어 주었다. 요즘 진동기에는 다음과 같은 광고문구가 따라온다.

"젊음이 가져다주는 그 모든 즐거움이, 당신 내부에서 맥박칠 것입니다." "여성에게 반짝이는 눈동자와 발그레한 뺨이 돌아오는 보람을 맛볼 것입니다." "여성의 진정한 도우미." 등등.

진동기는 현재 혼자 사는 여자들의 성인용 장난감으로, 불감증인 여성들에게는 치료목적으로 사용된다. 전희하는 시간을 줄이기 위해서도 사용된다. 옛날에는 왜 히스테리 치료 목적으로 그것이 사용되었는지 몰랐다. 1950~1960년대 성의학자들은 클리토리스가 여성의 성감대라는 것을 발견했다.

아마도 진동기로 클리토리스를 자극하여 오르가슴을 느끼면 여성들의 성적 긴장이 풀리면서 히스테리가 치료된 것 같다. 괜한 이유로 신경질이 나는 히스테리 증상이 가끔 나타난다면, 다른 사람들에게 스트레스 주지 말고 진동기를 이용해서 성적 긴장을 풀자. 그래야 나도 좋고 주변도 편안하다.

진동기는 여성들에게는 행복을 줄 수 있는 좋은 기구다. 인간의 위대한 발명품 중의 하나라고 나는 자신 있게 말할 수 있다.

섹스의 상식 2 접촉은 인류의 불행을 구원한다

현대를 '정신적 굶주림의 시대'라고 한다. 물질의 풍요에 반해 정신적으로는 너무나 메말라 있다는 것이다. 현대인들은 특히 대화의 굶주림, 접촉의 굶주림, 성적 굶주림에 처해 있다. 대화가 메마르면 인간관계가 건조해지고 성적인 굶주림이 지속되면 성범죄가 발생하고 성 관련 산업이 번창한다. 누구나 아는 상식이다.

그러나 '접촉의 굶주림'에 대해서는 그 심각성을 느끼지 못하고 있다. 인간의 삶 속에서 육체적인 접촉이 얼마나 본질적인 것인가는 흔히 간과하고 있다.

피부의 접촉

접촉은 인간의 5감(感)중 가장 중요한 감각(Sense)이다. 인간은 약 106개의 화학 원소로 만들어져 있는데, 피부 접촉을 하게 되면 뇌에 자극을 주어서 뇌의 화학 요소 생산을 자극하는데 큰 몫을 한다고 한다. 피부 접촉이 활발하지 못하면 화학 원소의 생산 및 분배가 원활치 못해 접촉 결핍증에 걸리게 된다는 보고도 있다.

사랑으로 비롯된 접촉으로부터 인간은 태어난다. 인간은 피부 구석구석에까지 수없이 많은 미세한 신경 조직을 가진 존재로 만들어졌다. 접촉은 살결과 살결의 부딪침을 통한 교제나 의사의 전달이라는 의미에만 그치는 것이 아니다. 접촉의 의미는 심리적인 영역까지, 더 나아가서는 영적인 영역까지 확장시킬 수 있는 것이다.

접촉을 통해 마음이 누그러지고 마음이 편해지는 것이 인간 심리의 비밀이다. 접촉을 통해 우리는 두려움을 이겨내고 고통을 완화하며 위로를 주고받는다. 또 우리가 의식을 하든 하지 않든 사랑하는 사람들과 대화를 나누는 기본적인 수단이 된다. 그래서 루소도 접촉의 중요성을 강조하면서 "산다는 것은 단순히 숨쉬는 것이 아니다. 산다는 것은 행동하는 것이며 우리 신체의 각 부분을 통해 느끼는 것이다. 존재의 의미는 피부의 느낌에 있다"고 말한 바 있다.

그렇다. 산다는 것은 느끼는 것이다. 특히 삶의 기쁨과 행복, 풍성함은 더욱더 그렇다. 접촉에 대한 욕구는 어렸을 때는 어느 정도 충족된다. 어머니를 비롯한 여러 사람들이 쓰다듬어 주고 기저귀도 갈아주고 안아 주기도 하는 등, 많은 접촉을 경험하며 자라게 된다.

그러나 점점 자라면서 접촉의 기회가 줄어들게 된다. 15세만 넘어도 부모가 만지는 것에 대해 '독립심'을 빙자한 접촉 거부 반응이 일어나게 된다. 그

시기에는 동성 친구들과의 접촉이 특히 심하고 점차 이성 친구와의 접촉도 갈망하는 시기이다. 특히 스포츠를 통한 접촉이 그들의 중요한 해소 방법이 된다.

20세에 들어서면서 이제 접촉에 대한 욕구는 동성에서 이성으로 넘어가게 되고 결혼 전 까지 이성과의 피부 접촉은 '갈망'의 차원에까지 이르게 된다. 그런데 묘하게도 결혼하면서부터 접촉의 빈도가 성적인 접촉 외에는 점점 줄어들게 된다. 특히 자녀를 갖게 되면서부터는 자녀에의 접촉 빈도는 늘어나는 반면 배우자와의 접촉은 급격히 줄어든다.

이른바 접촉 결핍이 고조되는 시기가 바로 이때다. 나이가 들면 들수록 이 증세는 심화되어 노인이 되면 '접촉 빈사 상태' 에 들어선다. 인생의 시기 별로 본 접촉의 싸이클이다. 사랑은 접촉이고 접촉이 곧 사랑이다. 사랑의 표현을 통해서 기쁨이 생긴다. 사랑을 가장 잘 표현하는 방법은 무엇보다도 서로 접촉하는 것이다. 접촉을 하는 방법에는 여러 종류가 있다.

악수하는 것에서부터 등을 토닥거린다거나 이야기하면서 어깨를 껴안는다든지, 포옹을 하거나 키스를 하는 것 등, 강도가 약한 접촉에서 은밀하고 깊숙한 접촉까지 그 방법은 다양하다. 그 중에서 사랑을 깊이 전하는 대표적인 방법이 '포옹'이다.

포옹(Hug)

"포옹은 기분을 좋게 해 주고 외로움을 없앤다. 두려움과 불안, 긴장감을 해소시켜주고 마음의 문을 열어주는 푸근함을 준다. 불면증도 없애고, 키 큰 사람에게는 굽히기 운동을, 키 작은 사람에게는 팔을 뻗치는 운동을 하게 한다.

팔과 어깨 근육 운동까지도 시켜 주며, 노화 방지 효과도 있다.

내적인 스트레스나 공허함 때문에 과식하면 비만이 생기게 되나 포옹을 하게 되면 정서적 충만감으로 음식을 적게 먹어도 포만감을 느낀다. 그래서 다이어트 효과도 있다. 물론 미용 효과도 있다. 또 항상 휴대가 가능하므로 편리하고 경제적이며 에너지 절약 효과도 있고 환경을 파괴할 위험도 전혀 없다."

'포옹요법(Hug Therapy)' 의 창시자인 '캐슬린 키팅' 이라는 정신간호학자의 포옹의 효과에 대한 예찬이다. 얼마 전 미국 펜실베이니아 주립대학 '게 오프 가드비' 교수도 "포옹이야말로 마음의 병을 치유하는 지름길"이라고 주장을 한 바 있는데, 가드비 교수가 포옹 예찬론을 펴게 된 것은 포옹 등의 신체 접촉이 감정이나 육체적으로 최고의 상태를 만들어 준다는 연구 결과를 통해서였다. 가드비 교수는 또 "포옹은 스트레스와 싸울 수 있는 훌륭한 무기다. 따뜻하고 사랑스러운 포옹은 상대방으로 하여금 마음을 든든하게 하고 편안함을 느끼게 하고, 포옹하는 순간 긴장수치는 수직 강하하게 되어 긍정적인 감정의 변화를 가져 온다"고 주장했다.

또한 "포옹은 혈압을 급상승시키고 분노의 감정도 맥 못 추게 만드는 효력이 있으며, 고독과 외로움을 달래 줄 수 있는 유일한 수단이며 탁월한 정신치료제"라고 말한다.

그러면서 "배우자나 가족들과 관계를 지속하고 싶으면 주저 말고 부드럽게 껴안아라. 포옹은 상대방과 가장 밀접하게 관련을 맺고 있다는 하나의 증거"라고 결론을 내고 있다.

바디 랭귀지(Body Language)가 얼마나 커뮤니케이션에 중요한 것이며 얼마나 큰 부수적 이익이 따르는지는 더 이상 설명이 필요 없다. 우리는 서로 만지고 살아야 한다. 당신은 오늘 배우자를 몇번이나 만져 보았고 어떻게 만졌는가? 서로가 만짐으로서 마음 상함 없이 커뮤니케이션이 가능해진다. 만지면 편안해 진다.

만지면 기대고 싶어진다. 만지면 사랑하고 싶어진다. 부부싸움을 했는가? 배우자의 손을, 어깨를 만지면서 미안한 감정을 표시하라. 두 사람 사이의 상처가 치유되지 않을 수 없다. 접촉은 용서와 치유의 힘을 가져다준다.

말로 감정의 표현을 다 못하겠거든 피부로 말하라. 피부는 입술이나 혀보다도 더 크게 외치기도 하고 더 깊은 내용을 전해 주기도 한다. 특별히 말하고 싶지 않을 때, 피부 대화까지 쉬게 되면 가족간 불협화음이 생기게 된다. 피곤하여 지쳤을 때, 조용히 쉬고 싶을 때 입술의 말 대신 피부로 말하라.

"정신적인 친밀함을 꼭 행동으로 표현해야 하나"라고 생각하는 사람들은 피부 접촉에 대해 알레르기 반응을 보일지도 모르겠다. 실망하거나 당황하지 말라. 천천히 피부 접촉을 생활화하자. 연로하신 부모님께도 다른 선물보다는 피부 접촉을 해 드리자. "노인들은 육체적으로 고독하다. 그 고독은 접촉결핍증 때문이다"라는 이반 버나사이드의 말을 기억하자. 부모님의 머리도 만져 주고 손도 만져 주고 안아도 주어라. 육체적 고독은 심리적, 정신적 고독을 유발한다.

병문안을 가서도, 어려운 처지의 형제, 자매들을 위로할 때도 피부 접촉을 하라. 당신이 혹시 임종의 자리에 있는가? 천국으로 가시는 그분을 보내는 자리에서 쓸데없는 말하지 말고 그분을 껴안아 주어라. 백 마디 말보다 더 진한 사랑을 나눌 수가 있을 것이다. 기왕이면 포옹하면서 "할머니 사랑해

요"라고 한마디라도 덧붙인다면 편안하고 기쁘게 하늘나라로 가실 수 있을 것이다.

"인간 폭력 행위의 근본적인 원인이 생의 초창기 시절 당연히 있어야 하는 피부 접촉이 주는 쾌감의 부재에 있다." 미국의 정신 신경 전문의인 제임스 프레스콧의 말이다. 셀마 프라이버그라는 아동교육학자는 "접촉의 결여는 양심이 자리 잡는 인간성 안에 큰 구멍을 뚫어 놓는다"라는 말한다. 접촉 결핍이 곧 양심의 결핍을 가져오게 된다고 주장하고 있다.

접촉 결핍이 가져다주는 폐해는 엄청나다. 우리는 이러한 사실을 너무나 경시하고 있다. 오히려 아이들에 대해 "손때 묻히면 안된다"고 하면서 접촉을 금지시키고 있다. 사랑받은 만큼 사랑하게 된다. 이 원칙은 부부에게도 적용된다. 접촉의 중요성은 더 이상 강조할 필요조차 없다.

부부간의 피부 접촉은 필수 중의 필수다. 서로 만진다는 것은 사랑의 징표다. 어떤 핑계도 용납되지 않는다. 사랑하는 아내의 손을 잡아 주어라. 사랑하는 남편의 손을 힘 있게 잡아 주어라. 돈도 들지 않고 시간도 들지 않는 사랑의 실천이다. 하루 최소 다섯번씩 피부 접촉을 하고 한번 이상 손을 잡자. 외출할 때는 손을 맞잡고 걸어다니자. 팔짱을 끼면 더욱 좋을 것이다.

"마음으로 사랑하니까 괜찮다구요?" 르네 스피츠' 박사가 '마라스무스' 라고 명명한 병이 있다. 감옥에서 태어나 길거리에 버려진 아기들을 돌보는 국립병원의 의사였던 스피츠 박사는 이 아이들이 위생적인 환경에서 충분한 음식을 주면서 양육했음에도 불구, 웬일인지 사망율이 높은 현상에 주목했다.

그런데 스피츠 박사가 멕시코에 겨울 휴양을 갔을 때, 휴양지 근교의 고아원에서 예기치 않는 발견을 하게 됐다. 그 고아원은 영양도 형편없고 비위생적이었는데도 아이들의 건강 상태가 매우 좋았던 것이다. 휴양도 집어 치우고 몇 달간 머물면서 밝혀 낸 이유는 바로 이웃 마을에 사는 여자들이 매일 와서 아기를 안아주고 흔들의자에 앉혀서 이야기도 들려주고 노래도 불러 준 것이었다.

스피츠 박사는 이 연구 결과를 발표한 'The First Year Of life' 라는 책에서 "접촉을 가진 아이는 건강하게 자랐다. 그러나 유모차에서 피부의 접촉이 없이 자란 아이들은 점점 약해졌고 접촉의 결핍증 때문에 세포들이 죽어 갔다"고 결론을 내고 있다.

섹스의 상식 3 "I LOVE YOU"의 8가지 의미

Inspire warmth : 따뜻함을 불어 넣어 주고

Listen to each other : 상대방의 말을 들어 주고

Open your heart : 당신의 마음을 열어 주고

Value your worth : 당신을 가치 있게 평가하고

Express your trust : 당신의 신뢰를 표현 하고

Yield to good sense : 좋은 말로 충고해 주고

Overlook mistake : 실수를 덮어 주고

Understand difference : 서로 다른 것을 이해해 주는 것

섹스의 상식 4 애액은 질이 흘리는 땀이다

성적 자극에 의해 질의 혈류량은 급속히 증가하며 발한 작용이 생긴다. 이것은 통칭 '질의 땀' 즉 애액이라고 한다. 즉 성교 시에 분비되는 여성 특유의 점액을 말한다. 즉 '러브 쥬스' 라고도 한다. 10년 전 까지는 애액이 오로지 바르톨린선 샘의 분비액으로만 알고 있었다.

그러나 사실은 질의 점활화액, 즉 질의 땀이라는 것이 정설이다. 즉 요도주위에 있는 스케너샘에서 여성의 성적 흥분기에 질강을 에워싸는 정맥총이 현저하게 국부 충혈을 가져오기 때문에 질 내벽에 여출액 모양의 '뮤코도' 소적을 발한 모양으로 생기게 하고 이것이 질의 점활화를 가져온다는 것이 확인되었다.

'뮤코도' 란 일종의 당 단백이다. 그렇기 때문에 똑같은 땀이라도 '질의 땀'은 보통 발한과 달라 끈적끈적하다. 성적 자극을 받으면 혈류가 급격히 증가하고, 질벽에서 끈적끈적한 땀을 흥건히 새어 나오게 하는 것이다. 이것을 여성이 저도 모르게 '젖는다' 라고 하는데 그런 '젖음' 현상의 과학적 이유가 바로 G스팟에서 나오는 뮤코도인 것이다.

섹스의 상식 5 윤활제, 작은 병 속의 마술사

윤활제는 인간의 위대한 발명품 중의 하나다. 어떤 사람은 윤활제에 대해 이렇게 말했다. "작은 병에 든 그것이 이렇게 놀라운 힘을 발휘하리라고는 상상도 못했습니다"

그런데 대부분의 남녀들은 미끈거리는 묘한 느낌의 이것이 정력 부진의 상징이기라도 한 듯 꺼리고 있다. 여자 친구가 성 세미나에 참가했다는 한 남성은 내게 전화해서 그녀가 왜 자꾸 그 물건을 쓰려고 하는지 모르겠다고 푸념하듯 물었다. 그가 정말로 하고 싶던 말이 "나 하나만으로는 그녀를 흥분시킬 수 없다는 뜻인가요?" 였을 거라 짐작한 나는 그에게 이렇게 대답해 주었다.

"여자가 애액을 분비하도록 만드는 데는 여러 가지 요인이 있으며, 성적으로 흥분시키는 것은 그 중 일부에 불과합니다."

여자의 성기에 있는 점막조직은 여자의 신체 중에서 가장 섬세하고 약한 조직이다. 여자가 성적으로 자극받아 그곳이 완전히 젖어도 공기 중에 노출되거나 콘돔과 마찰이 일어나면 분비된 애액은 쉽게 말라 버린다. 그래서 성적으로 충분히 흥분해도 그곳은 건조해질 수 있다.

윤활제 사용에 대해 알아두면 유용한 정보

특히 손을 이용한 애무를 할 때는, 손을 삼지창 모양(손가락 세 개를 이용한다)으로 만들어 손가락을 아래로 향하게 한 다음 윤활제를 손가락 사이사이로 떨어뜨린다.
이런 방법은, 1 손가락사이를 지나면서 윤활제가 따뜻해지고 2 따뜻한 손가락에서 부드럽게 미끈거리는 손바닥으로 이어지는 느낌이 아주 특별하기 때문에 큰 효과를 얻을 수 있다. 윤활제는 다양하다. 수용성. 지용성, 맛이 첨가된 것과 첨가되지 않은 것, 향이 있는 것과 없는 것, 색깔이 있는 것과 없는 것, 그리고 액체와 젤 등 다양한 제품이 있다. 눈물이 적은 사람을 위해서는 인공눈물을 사용한다. 다리가 안 좋은 사람은 의족을 사용하고, 눈이 안 좋은 사람은 안경을 사용한다. 그런데 왜 애액이 부족한 사람은 윤활제 사용을 꺼리는가. 윤활제를 사용하는데 주저하지 말자. 그것은 인공눈물과 안경처럼 사람에게 유익하다.

그런 상태에서 성행위가 계속되면 여자는 거칠게 잡아당기거나 찢어지는 느낌이 들고 그런 느낌은 결코 유쾌한 것이 못 된다. 그리고 흥분이 최고조에 달해도 애액이 분비되지 않는 여자들도 있다. 이런 생물학적 차이 때문에 인공 윤활제의 가치가 더욱 빛을 발하는 것이다.

섹스의 상식 6 키스는 문명처럼 진화한다

당신의 목과 가슴에
천 번의 입맞춤을,
그리고 더 아래,
더 아래로 내려와
내가 너무나 사랑하는 자
그맣고 까만 숲에도
천 번의 입맞춤을.

이것은 나폴레옹이 조세핀에게 쓴 편지의 뜨거운 고백이다. 멋진 키스는 맥박을 1분에 72회에서 100회로 뛰게 할 수 있다. 한번의 황홀한 키스는 3칼로리의 열량을 소모케 하고 아침에 아내에게 굿바이키스를 하는 남편들은 그렇게 하지 않는 사람들보다 5년 정도 오래 산다고 한다.

키스는 다양한 문화적 코드를 내장한 애정 표현이다. 입술, 혀, 침이 섞이기 때문에 한꺼번에 여러 가지 감각의 묘미를 전달하는데 용이하다. 키스의 첫 번째 역할은 사랑의 표현이다. 음경을 질에 넣는 삽입성교를 최고의 애정표현이라고 생각하겠지만, 감정, 느낌, 의사를 보다 명확하게 전달할 수 있는 성적행위는 키스다.

음경을 삽입할 수 있는 구멍은 한정되어 있지만, 키스하지 못할 부위는 없다. 여자가 좋아하는 전형적인 전희인 키스 순서 – 입술에서 가슴, 젖꼭지, 등, 허벅지 안쪽을 거쳐 성기로 서서히 내려오는 키스다. 생후 18개월까지를 구순기로 정의하는데 이때 유아는 엄마의 젖을 빨면서 동시에 입술로 전해오는 감각을 즐긴다. 주린 배를 채움과 동시에 피부를 자극하는 느낌을 갈구한다.

젖꼭지나 손가락을 빠는 행위는 감각의 만족을 통해 심리적 안정을 얻기 위한 행위로 평생토록 계속된다. 즉 어렸을 때부터 구강이 만족해야 심리적 안정을 얻는다는 것이고 성인이 되어서도 마찬가지이다.

입과 항문은 소화기관이면서 성적인 생식기관으로 사용된다. 이것이 바로 구강성교다. 속살과 피부가 만나는 지점, 즉 요도, 질 입구, 항문, 눈, 귀 가운데 시선에 쉽게 노출되며 성적인 매력을 풍기는 부위가 입이다. 즉 성기와 비슷하게 입에도 구강점막이 있다. 입술은 여성의 외음부와 모양이 흡사하여 성적 상상력을 불러일으키는 신체 기관이다. 인간은 다른 동물과 달리 키스를 즐겨하며 여기서 강한 성적 쾌감을 얻는다. 오럴 섹스가 행해지는 주된 이유도 이 점막이 밖으로 노출되어 있어서 훨씬 강한 성적 자극을 줄 수 있기 때문이다. 혀는 근육으로 되어 있다.

혀의 근육은 훈련하기에 따라 자유자재로 움직일 수 있다. 혀는 키스의 백미다. 다양한 키스방법을 연습하고 배울 수 있다. 첫 키스의 짜릿함이 사라져

가면 혀를 이용해 상대방의 혀나 잇몸, 입천장을 애무한다.

상대가 혀를 받아들였다면 활발히 놀려 다양한 애무를 펼친다. 우선 위아래로 움직인다. 위 아래로 움직일 때도 힘의 강약에 따라 색다른 느낌을 줄 수 있다. 혀끝에 힘을 주어 꼭꼭 누르듯이 할 수도 있고, 포개고 있는 입술에 힘을 빼고 부드럽게 핥듯이 움직일 수 있다. 같은 방법으로 혀를 둥글게 돌린다.

돌릴 때는 속도와 돌리는 원의 크기를 고려하여 강약을 조절한다. 좌우로 돌리는 방법도 좋다. 상대방이 반응하여 함께 혀를 움직이면 보다 많은 변수가 생긴다. 혀끼리 엉켜 애무하는 방법은 감정을 격앙시킨다. 키스는 어느 특정한 사람에 의해 시작된 것도 아니고, 전기나 전화처럼 발명된 것도 아니다. 여러 설이 있지만 가장 설득력 있는 학설 중의 하나가 가슴이론이다.

이 학설의 핵심은 키스가 유아시절 행복하게 엄마의 가슴에서 모유를 빨던 때를 회상하게 해준다는 것이다. 유아 시절 세상에서 필요했던 건 오직 사랑과 적정온도 유지, 그리고 모유였다.

모유를 얻으려면 가슴에 입을 대고 젖꼭지를 빨아야만 했다. 어린 시절 사랑은 곧 모유를 먹고 배부름을 느끼는 것이었다. 그러니까 입술은 태어나자마자 바로 대화의 가장 기본적인 형태를 제공했고, 모유를 빠는 행위가 없었다면 사랑을 받지 못하고 굶주렸다는 느낌을 가졌을 것이다. 그래서 우리가 성장을 해 어른이 된 후에도 입술을 애정 표현의 수단으로 계속 사용한다는 것이다. 키스는 어린 시절 그 행복했던 기억들을 되살려 준다. 사람들은 안정되기를 원하면서도 한편으로는 항상 변화를 추구 하는 동물이다. 그런 의미에서 아무리 사랑하는 연인이라도 새로운 스킨십은 필요하다. 그 중에서도 키스는 복잡한 조건들이 필요 없기 때문에 다양한 변화를 시도하기도 쉽다.

키스할 때의 에티켓

키스를 하려면 일단 입안이 깨끗하고 상쾌해야 한다. 칫솔질할 때 잊지 말고 혓바닥과 입천장까지 깨끗이 닦는다. 1년에 1~2회 치아 스케일링을 한다. 일회용 구강 청정제를 가방에 넣어둔다. 외출시 박하사탕이나 껌을 가지고 다닌다. 박하사탕을 작은 상자에 넣어 침대 옆에 놓아둔다. 아침에 일어나서 입 냄새가 날 때 좋은 해결수단이 될 수 있다. 파트너에게 입 냄새가 나면, 여러분이 먼저 박하사탕을 입에 넣고, 그에게도 한 개 먹으라고 권한다.

치실 한 줄을 바지 주머니 안에 넣어 다닌다. 치실은 다른 사람이 보는 앞에서 사용하지 말아야 한다. 레스토랑을 나오기 전에 잠깐 화장을 고치고 오겠다고 말하여, 그에게도 자신을 점검할 기회를 준다. 집에서도 마찬가지로 화장을 고쳐야겠다고 그에게 말하면서 잠깐 자리를 비운다. 그가 구강 청정제와 치실 같은 것을 찾지 않도록 잘 보이는 곳에 준비해 둔다.

우리가 혀와 입술로 하는 것이 밥먹는 일만 있지 않다는 것을 알았다. 이것이 식욕과 성욕을 모두 만족시킬 수 있다. 인간의 육체는 정신에 즐거움을 줄 수 있다. 몸과 마음이 따로가 아니라는 말이다. 그동안 키스를 잘 하지 않았거나, 대충하시던 분, 오럴섹스를 더럽다고 생각했던 분들이, 섹스는 배설이 아니고 하나의 사랑의 표현이라고 생각한다면 주저하지 말고 키스를 즐기시길 바란다. 강한 신체가 만들어내는 맑고 담백한 침, 건강한 여체에서 나오는 애액, 약간의 소금기가 밴 땀. 이런 맛을 느끼기 위해서는 오럴 섹스나 충분한 전희가 무엇보다 중요하다. 단순 삽입 섹스는 웰빙 섹스가 아니라는 말이다.

그런데 더 중요한 것이 있다. 웰빙 섹스의 대전제는 '상대방을 배려하는 마음' 이다. 상대방이 오럴을 원하지 않으면 해서는 안 된다. 반대로 상대방이 자신의 체액을 맛보기 원한다면, 비록 그것이 사정 후의 정액일지라도 기꺼이 맛있게 먹어줄 수 있어야 한다.

그게 바로 웰빙 섹스의 정신이다. 키스를 하면 뇌 안에 엔돌핀이 흘러 넘쳐 행복감을 느끼게 되며, 인슐린이나 아드레날린 같은 호르몬의 분비가 늘어나 면역력이 올라가기 때문에 건강에 크게 도움을 주는 것으로 밝혀졌다. 키스를 맛있게 해서 입맛을 돋운 후에 본 게임으로 들어가시기 바란다.

혀를 섞고 키스하는 이유는

1973년 영국의 동물학자 데즈먼드 모리스가 재미있는 주장을 했다. 프렌치키스의 유래에 관해서다. 몇 백만 년 동안 어머니가 아기의 젖을 떼기 위해 입으로 음식을 씹어 입술과 입술의 접촉을 통해 아기의 입에 넣어준 행위로부터 프랜치 키스가 유래되었다는 것이다. 젊은 연인들이 혀를 섞어 상대의 입을 탐색하는 이유는 무엇인가. 인류의 조상들이 어머니로의 입술로부터 먹을 것을 받아먹던 편안함을 즐긴다는 것이다.

모리스는 한 걸음 더 나아가서 입술로 성기를 접촉하는 구강성교는 퇴폐적인 서양 사회의 발명품이 아니라 수천 년 동안 많은 문화권에서 보편화된 성행위라고 주장했다. 그는 젖먹이들이 어머니의 유방을 빨 때 경험한 입의 쾌감과, 상대방의 성기를 빨 때 느끼는 입의 쾌감이 밀접한 관계를 갖고 있다고 보았다. 그것으로부터 구강성교가 비롯되었다는 것이다.

젊은 연인들은 상대방의 음경이나 음핵에 키스를 할 때 어머니의 젖을 빨던 쾌감이 강력하게 되살아난다. 구강성교에 탐닉하게 될 수밖에 없는 이유다. 그러나 먼 옛날 인류의 조상이 어머니의 젖을 먹는 행위로부터 프렌치 키스와 구강성교가 유래되었다는 모리스의 주장은 상상력의 소산에 불과하다. 뉴기니아 남서 아프리카의 여인네들은 아직도 입으로 음식을 씹어 아기의 입에 넣어주는 방법으로 젖을 떼지만. 이들은 유럽인들이 나타날 때까지 키스를 해본 적이 없었던 것으로 밝혀졌다.

키스의 테크닉

처음에는 입을 다물고 키스를 하기 시작해서 조금씩 유혹적으로 입을 약간 벌리고 혀끝만 살짝 입술 사이로 드러낸다. 그 다음에 입술을 약간 더 벌리고 상대의 입술과 이빨을 혀로 쓰다듬어 본다. 혀와 혀끼리 만나 탐욕스런 교우를 시작한다.

키스를 끝내고 서로 몸을 떨어뜨렸을 때 대화를 나눈다. 이상적인 상황은 자신의 혀가 상대의 입속에서 약간 움직이고 그런 다음에 상대의 혀가 자신의 입 속에서 움직이는 상태다. 매번, 매일 할 수 있는 키스는 아니므로, 좀 더 사적이고 친밀한 순간에만 하고, 보통 때는 아껴 두어야 하는 키스다. 혀를 사용할 때 너무 깊게 밀어 넣는 것은 좋지 않다. 재갈을 물린 것 같이 질식할 것 같은 느낌을 받을 수도 있다.

깊은 키스 중간에는 반드시 휴식이 필요하다. 혀 운동을 하게 되면 침이 많이 나오므로 침을 뚝뚝 흘리는 것은 절대 섹시한 키스법이 아니다. 혀를 사용할 때 빙글빙글 돌릴 수도 있고 춤추는 것처럼 리듬을 탈 때도 있다.

키스를 잘 하는 사람은 상대의 박자에 맞추어 리듬을 이끌어가는 연주자와 같다. 상대의 키스를 읽을 수 있도록 연습하라. 그들의 리듬에 나의 리듬을 실어 같은 방식으로 키스하라. 상대의 혀가 내 입안에 들어오면 숨쉬기가 어려워진다. 그럴 때는 코로 숨을 쉬는 것이다. 키스가 길어지면 지치고 숨이 막힌다. 가장 멋진 키스는 상대로 하여금 키스를 더 원하게 만드는 키스다.

키스는 항상 단순한 키스 그 이상이다.

키스는 남녀의 성적 합일이 이루어지는 단초다. 여러분의 입술이 서로 닿을 때, 다음에 벌어질 일을 예감할 수 있다. 키스는 분위기를 제대로 잡을 수 있는 최고의 기회이고, 키스는 모든 성행위의 원동력이다. 남자들은 자신의 키스를 통해 여자가 흥분한다는 확증을 갖고 싶어한다. 바로 그것이 남자를 흥

키스의 종류

1. **아기 젖빨기 키스** 아기가 엄마의 젖꼭지에 입술을 대고 빠는 행위를 흉내 내는 것
2. **향키스** 오렌지 몇 조각이나 사탕을 입에 물고 그 향이 입에 퍼지게 하는 것
3. **프렌치 귀키스** 혀를 상대의 귀에 부드럽게 밀어 넣는 것
4. **얼음키스** 얼음으로 자신의 혀를 얼려 하는 것
5. **오렌지키스** 귤, 오렌지, 자몽을 한 조각 입에 문채 키스를 하면서 과일을 주고받는다
6. **하키키스** 사탕이나 과일, 초콜릿, 땅콩, 체리 등을 주고 받는 키스
7. **나비키스** 나비의 날개짓 처럼 자기 얼굴을 상대의 피부에 대고 속눈썹을 깜박거려서 부드러운 속눈썹의 떨림을 느끼게 하는 키스
8. **립스틱키스** 립스틱을 많이 발라 두사람 얼굴에 묻어나게 하고, 서로 닦아주는 것도 재미있다

분 시킨다.

그러므로 키스를 통해 흥분했다는 것을 상대에게 분명하게 보여주는 것이 좋다. 아기들이 젖을 실컷 먹고 엄마의 품안에서 잠드는 이유는 입술을 통한 피부 접촉이 마음을 안정시키기 때문이다. 한번의 눈길이 천마디 말보다 더 많은 것을 말하고, 한번의 키스는 10억 마디의 말보다 더 많은 것을 말한다. 한번의 키스로 모든 것을 표현할 수 있다. 사랑을 나눌 때 키스보다 더 강렬한 접촉은 없다.

키스는 건강을 지키는 묘약

최초의 키스는 빼앗고,
두번째 키스는 졸라서 하고,
세번째 키스는 요구하고,
네번째 키스는 선사받고,
다섯번째 키스는 마지못해 하고,
그 다음에는 모두 참고 견딘다.
그것이 남자다.

결혼생활을 오래한 남자들은 키스를 잘 하지 않는 경향이 있다. 그러나 키스는 건강에 매우 유익한 행위다. 키스는 항생제보다, 항암제보다 좋다고 한다. 키스는 그 자체가 예방의학이다. 격렬하게 키스하면 감기를 비롯한 각종 바이러스를 방어하는 림프구가 활동적으로 움직여 면역체계가 튼튼해진다.

마음이 안정된 상태에서 하는 규칙적인 키스는 평균 수명을 5년 정도 늘린다는 보고도 있다. 애정을 갖고 있는 남녀가 혀를 주고 받는 키스를 하게 되면 분당 60~80회 뛰던 심장이 100~120회로 빨라지며 맥박이 두배 빨라지고 혈압이 오른다. 췌장에서는 인슐린이 분비되고(혈당을 줄여서 당뇨병 치료와 정신병 치료에 도움이 된다) 부신에서는 아드레날린(혈당량을 조절하며, 심장기능을 강하게 하여 혈압을 올린다. 강심제, 지혈제, 천식 진정제로 이용된다)이 나온다. 체내에 분비되는 화학물질은 백혈구를 활성화해 발병을 차단하고, 좌절하거나 공포감을 느낄 때 분비되는 스트레스 호르몬의 생성을 막아주는 역할을 한다. 키스는 감기를 예방한다. 키스한 후에는 면역 세포인 글로불린이 활발하게 움직이며 그 수도 증가 한다. 이 때문에 감기에 걸린 사람과 키스를 해도 감기가 옮지 않으며 반대로 면역력이 강화된다. 키스는 격렬한 만큼 다이어트에도 좋다. 보통의 키스에서는 3.8킬로칼로리가 소비되었고, 혀를 주고 받는 키스에서는 분당 6.4킬로칼로리, 1회에 12킬로칼로리가 소비되었다. 비록 획기적인 방법은 아니지만 꾸준히 노력하면 비만을 치료하는데 도움이 된다고 한다.

성기에 하는 키스

성기에 하는 키스 = 구강성교(oral sex) = 입술 + 성기

아담과 이브는 지혜의 동물 뱀의 꼬임에 빠져 선악과를 따먹었다. 눈은 새로운 것을 보았다. 그들은 서로를 쳐다보고 수치심을 느꼈다. 본능으로만 이뤄진 세계에서 문화적, 인위적 세계로 이동하게 된 것이다. 식욕을 충족시키기 위해 섭취한 음식물은 소화의 과정을 거쳐 배설된다, 배설은 땀, 소변, 대변인데, 이들 배설물은 '더러움'의 대명사로 인식되어 있다. 배설기관을 볼 때

우리는 더러움을 연상하는데 이는 감각의 영향이 크다. 수치스러움을 느끼는 것은 문화적 시각으로 배설기관을 보기 때문이다.

인간의 육체는 불합리하다. 혐오감을 느끼는 기관으로 성교를 하게 되어 있다. 남성의 사정이나 여성의 질 분비액을 배설로 여기는 생각은 이와 무관하지 않다. 섹스는 곧 배설이요, 이때 느끼는 쾌감은 화장실의 쾌변과 같은 것으로 간주된다. 하지만 사정과 배설은 같은 작용이 아니다.

배설의 쾌감도 오르가슴과는 다르다. 여자의 성기를 연상시키는 붉은 입술은 구강 성교를 낳았다. 그러나 생식기를 더럽다고 보는 것에서 '구강성교' 에 대한 거부감이 자란다. 성행위를 배설에 비유하는 것은 성행위의 문화적 코드를 무시하고 심리적 생리작용에만 초점을 맞추기 때문이다. 여성의 입에 자신의 성기를 맡기기 좋아하는 남자들도 여성의 성기에 입을 대지 않으려는 경향이 있다. 자신의 성기는 쾌락의 핵심이고 여성의 성기는 '오줌 구멍' 에 불과하다고 여기는 이중심리가 작용하는 경우다.

펠라티오 (Fellatio) 음경 구강 성교 , Fellare=빤다라는 라틴어 동사.

남성의 성기를 입술과 혀를 놀려 빨거나 핥거나 압박하는 행위인데, 질 삽입보다 쾌감면에서 월등하다. 남성의 시각을 자극하며, 펠라티오가 이루어지고 있는 동안 남자는 여자의 움직임을 보면서 또 다른 성적 쾌감을 느낀다. 여기에는 일종의 관음증과 함께 여자에게 성행위를 '강요하고' 있다는 새디즘적 경향과, 반대로 여자에게 강간을 '당하고' 있다고 느끼는 매조히즘적인 경향이 뒤섞여 있다.

커닐링구스 **(Cunnilingus)** 여자 성기 구강 애무, Cuni 여자의 음부 + Lingus 혀의 라틴어.

그녀의 입술로 만족을 얻었다면 이젠 당신이 봉사할 차례이다. 여성의 성기를 입으로 애무하는데 주로 혀를 이용한다. 혀는 전체가 근육덩어리로 훈련에 따라 자유자재로 움직일 수 있다.

프로이드가 일으킨 오해, 즉 진정한 오르가슴은 클리토리스가 아니라 질에 음경을 삽입하는 데서 온다는 착각에 빠져 그동안 여성들은 삽입 성교에서 오르가슴을 느끼지 못해 좌절해 왔다. 그러나 성 경험의 초기에 클리토리스가 성감에 있어 중요한 역할, 절대적인 역할을 한다는 사실이 밝혀진 이후로 클리토리스를 자극하는 커닐링구스는 주요한 성 행위의 하나가 되었다.

식스티나인 (sixty nine, 69) 자세

둘이 동시에 하면 69의 모양이 된다. 펠라티오와 커닐링구스를 한꺼번에 할 수 있는 체위다. 누워있는 사람 위에 거꾸로 엎드려 있는 체위다. 보통 남자의 발기된 성기는 위로 솟고, 여성의 성기는 안으로 들어가 있기 때문에 남자가 아래, 여자가 위에 있는 자세가 안정적이다. 그러나 거부감이 느껴져 여자가 위에 오르지 않을 때는 남자가 먼저 올라가 보는 것도 좋은 방법이다. 여자들은 남자들이 음부를 빨 때 역겹고 혐오스러워할 것이라고 지레짐작한다.

그러나 대다수의 남자들(80%)이 커닐링구스를 좋아한다. 왜냐하면 여자들이 흥분하는 모습을 보면서 성적 자신감을 얻을 수 있어서다. 남자들은 오럴섹스 해주는 것을 매우 좋아한다. 반면 여자들은 구강 성교를 꺼린다. 이는 페니스 자체가 가지는 특성상 성기가 입 안으로 들어와야 하기 때문이다. 실제로 50% 정도의 여자가 펠라티오를 하지 않는다고 한다. 게이나 레즈비언은 모두 펠라티오나 커닐링구스를 통해서 훨씬 큰 만족감을 얻는다.

과거에는 구강 성교가 더럽고 추잡한 변태 성 행위로 간주돼 금기되기도 했다. 현대에는 정상적인 성 행위의 하나로 간주되고 있다. 구강성교는 성감대의 직접적인 마찰을 가능하게 한다. 남녀불문 구강성교는 성감대를 노골적으로 자극한다.

특히 여성의 불감증치료에 효과적이다. 매춘부를 찾아가는 남자의 경우 제일 받기를 원하는 서비스가 펠라티오다. 습관적인 삽입성교와는 달리 직접적으로 성감대를 건드리므로 그 쾌감이 강렬하다. 여성의 성적 쾌감은 초기에 클리토리스에 있다가 나중에 질로 이동한다. 그러나 초기에 여성의 60% 이상이 삽입 성교로는 오르가슴에 도달하지 못한다. 반면 커닐링구스를 경험한 여성의 70% 이상은 삽입 성교 없이 오르가슴에 도달했다. 커닐링구스로도 오르가슴에 오르지 못하는 여성은 심한 불감증(전체 여성의 3~4%) 이거나 아니면 남자가 자신의 '부끄러운' 성기를 보고 있다는 수치심을 느껴 육체의 문을 닫고 있는 것이다

섹스의 상식 7 애무 또는 사랑의 터치

애무는 접촉을 통해 표현하는 사랑의 행위다. 일반적으로는 '섹스 전에 하는 것' 정도는 알고 있을 것이다. 흔히 애기하는 전희가 바로 애무를 말하는 것이다. '애무'란 한자 뜻을 풀이해보면 애(愛)는 사랑 애, 무(撫)는 어루만질 무. 사랑으로 어루만진다는 뜻이다. 즉, '사랑의 터치'를 말하는 것이다.

애무와 같은 뜻으로 사용되는 전희(前戲)는 앞 전, 놀이 희. 즉, '섹스 전에

이루어지는 행위'를 말한다. '애무와 전희'란 단어를 합성시키면 '섹스 전에 이루어지는 사랑의 터치'란 뜻이 만들어진다. 이 말이 '애무'에 대한 정확한 정의이다. 하지만 애무의 진정한 의미는 앞서의 설명보다 더 포괄적으로 설명되어야 한다. 다시 말해 신체 접촉만을 통한 한정적인 행위가 아니라 생활의 모든 공간과 시간 속에서 벌어지는 다양한 행동과 감정의 표현들, 즉 생활의 모든 것들이 애무라고 생각해야 한다.

결론적으로 정신과 육체를 자극하는, 애정이 담긴 모든 종류의 접촉은 전부 전희(애무)인 것이다. 얼마 전 한 전직 미국 대통령의 마음을 단번에 사로잡은 아일랜드 출신의 금발미녀가 밝힌 말을 들어보는 것도 이해에 도움이 된다.

"그가 따스하고 이글거리는 눈길로 나를 쳐다볼 때면, 난 마치 내 옷이 벗겨져 나가며 몸을 애무 당하는 듯한 착각 속에 빠져요. 나도 모르게 순식간에 몸이 달아오르죠. 그 짜릿한 느낌이란 뭐라 설명할 수가 없어요. 그는 확실히 매력적이고 여자를 바보로 만들며 약하게 만들어요."

좁은 의미의 애무가 '육체적인 자극'이라고 한다면, 넓은 의미의 애무는' 정신적인 자극'을 포함한 광범위하고도 심오한 것이라고 할 수 있다. 이 두 가지가 합해졌을 때 비로소 진정한 애무라고 할 수 있다.

섹스의 상식 8 후각을 알면 섹스가 향기롭다

인간이 속한 포유류는 후각 동물이라고 해도 과언이 아니다. 모든 포유류는 후각이 발달해 있는데 그것은 후각이 개체의 생존에 절대 필요한 감각이기 때문이다. 모든 감각이 잠자는 한밤에도 후각의 기능은 활발하게 작동된다. 위험이 도사리는 야밤을 지키는 파수꾼이다. 적의 침입을 감지하고 화재를 알아챈다.

가장 동물적인 본능이 잠재된 기관이 코이다. 하지만 인간이 두발로 걷게 되면서 땅과 코가 멀어졌다. 후각은 퇴화했으며 대신 시각이 발달했다. 하지만 후각의 기능은 아직도 중요하다. 남자들보다는 여자들의 후각이 더 예민하다. 남자들이 여자의 후각을 어떻게 자극하느냐에 따라 유혹의 성패가 갈린다. 남자가 여자의 후각을 자극할 때 잘 하면, 그녀를 유혹할 수 있지만 잘못하면 그녀의 기분을 완전히 망쳐 버릴 수도 있다. 따라서 향기를 이용할 때는 세심한 주의가 필요하다.

후각은 인간의 감각 중에서 가장 오래 기억되는, 가장 원초적인 감각이다. 한 가지 향수만 고집하는 여자와 사귄 경험이 있는 남자라면 그 향수와 비슷한 냄새만 맡아도 그녀가 떠오를 것이다. 이름도, 심지어는 얼굴도 기억나지 않지만 그녀가 뿌렸던 향수만은 여전히 기억한다.

남성 여러분은 자신의 몸에서 일어나는 화학반응이 가장 큰 자산임을 기억하기 바란다. 여러분은 저마다 자신만의 독특한 향기를 가지고 있다. 그 때문에 어떤 여자들은 여러분 앞에서 속수무책으로 무너지고 마는 것이다. 그리고 여자에게는 그 독특한 향기가 페로몬(동물의 체외로 분비되는 생리적, 행동적 반응을 일으키고 이성을 유혹하는 물질) 으로 작용하기도 한다. 사람의 체취 자체가 때론 강력한 매력이 되기도 한다. 나폴레옹은 그의 여인 조세핀과 사랑을 할 때는 늘 그녀에게 씻지 말고 기다릴 것을 요구했다. 나폴레옹은 조세핀의 특이하고 독특한 냄새를 즐겼다. 이처럼 그 사람만의 체취가 이성에게는 강력한 자극이 될 수 있다. 인간은 성적 파트너를 냄새로 찾아내는데 매우 뛰어나다. 현대 과학은 체취가 매력의 중요한 요소라는 것을 이미 밝혀냈다. 남성 동성애자는 자신의 파트너를 냄새로 잘 찾아내고 또한 동성애자 남성과 여성들은 이성애자 남여와는 다른 체취를 더 좋아한다는 것이 발견되었다.

연구자들은 두뇌스캔을 이용, 남성의 땀의 화학성분이 동성애자 남성의 두뇌를 자극했고, 이성애자 여성들을 똑같이 자극한다는 것을 보여주었다. 페로몬은 한 개체에서 분비하거나 방출하여 이성(異性) 에게 어떤 행동을 일으키게 하는 물질이다. 성적으로 흥분을 일으키는 것은 성페로몬이라고 한다. 최근에는 인간에게도 페로몬에 해당되는 물질이 있다는 것이 과학적으로 증명되었다. 일본과 독일에서 겨드랑이의 분비액과 호르몬에 접한 여성들은 호르몬의 변화와 함께 성적 자극을 더 느낀다는 결과가 발표됐다.

인간의 페로몬으로 널리 알려진 것은 '안드로스텐' 이라는 물질을 비롯한 성호르몬들이다. 이들은 땀과 소변, 겨드랑이 등에서 발견된다. 냄새를 맡은 사람의 몸과 마음에 미세한 변화를 일으키는 것으로 알려져 있다. 그러므로 인간의 몸에서 나오는 페로몬으로 인하여 상대방이 좀더 성적으로 매력적으로 느껴질 수 있다는 것이다.

엘리베이터에서나 지하철에서 어떤 상대에게 끌리는 느낌을 받는 것도 페로몬 때문일 수 있다. 정액은 밤꽃냄새를 피운다. 옛날 부녀자들은 밤꽃냄새를 부끄러워하여 한창 꽃이 필 때는 출입을 삼갔다고 한다. 홀로 밤을 새우는 과부들은 밤꽃냄새를 맡으며 눈물을 흘렸다. 정액이 질을 통해 흡수되면 여자의 몸속으로 냄새를 피우며 돌아다닌다는 희귀한 보고가 있다.

어떤 여자는 성교 후 30분이 경과하자 숨을 쉴 때마다 입에서 정액 냄새가 나더니 2시간 동안 지속되었다고 한다. 보통의 경우 콘돔을 사용했다면 페니스에서 콘돔을 빼는 순간 냄새는 퍼진다. 다른 피임법을 사용했거나 임신을 위한 섹스를 했다면 사정과 함께 여자의 질 속으로 정액이 퍼져 나가는데 질 분비액과 뒤섞인 냄새가 난다. 여자의 입에 사정했거나 가슴 등 상체에 사정했다면 여자에게 냄새의 기억은 오래 남을 것이다. 만약 이런 경우라면 후희에 신경 써야 한다. 정액 냄새는 강렬하게 기억되기 때문에 섹스 후에 마음을 안정시키지 않으면 이후에 거부반응이 일어난다. 정액의 독특한 밤꽃 냄새는 전립선에서 분비되는 '스퍼민' 등의 성분 때문이다.

여자의 질에서 나오는 분비물도 독특한 냄새가 난다. 여성 성기를 조개에 비유하는 현상은 여러 나라에서 발견된다. 서양에서도 'Shell fish(조개)' 라고 부르는데 생긴 모양뿐만 아니라 비릿한 냄새까지 비슷하다. 바닐라(Vanilla)라는 이름은 여성 성기(Vagina)를 따라 지었다. 바닐라의 뿌리가 여성 성기와 모양이 비슷하고 맛과 냄새까지 비슷하기 때문이다.

질분비액의 독특한 냄새는 질 속에 살고 있는 박테리아 때문이다. 이 박테리아는 질속에 침입하는 병원체를 공격하여 청결을 유지한다. 아포크린샘이 있는 질과 항문 주변의 피부는 일정한 분비물을 내보내는데 이 분비물들은 기름기가 많다. 이 기름기가 분비되면 박테리아는 분해를 시작하는데 그때 냄새가 난다. 이런 냄새가 질 윤활액과 섞여 독특한 냄새를 형성한다. 나폴레옹과 조세핀 이야기도 했었지만 사실 여성의 질에서 나는 독특한 냄새만큼 남자들을 충동질 하는 냄새도 없다. 제2차 세계대전 중 미국여성들이 입어서 더러워진 팬티를 위문품 주머니에 넣어 전선에 보냈다는 기록이 있다.

병사들의 사기를 높이는데 이용했는데 가장 인기가 높았다고 한다.

전쟁이라는 극한 상황, 생존의 위협을 느끼는 상황에서 도피하고 싶은 욕구가 동물적 본능 충족으로 이어졌기 때문이다. 이런 까닭에 병사들은 젊은 여자가 입던 팬티의 냄새, 즉 페로몬을 깊이 들이마시며 마음의 안정을 찾았다. 우리가 아는 대표적인 동서양의 미인들에게는 자신만의 향이 있었다. 침략자 로마의 두 권력자를 사로잡은 클레오파트라는 온갖 종류의 향으로 영웅들을 매혹했다.

목욕 후뿐 아니라 손을 씻을 때도 향유를 사용했고 왕관에는 향로를 달았다. 안토니우스를 유혹한 침실은 무릎이 빠질 정도로 장미꽃잎이 가득했고, 벽에는 장미를 넣은 망사주머니를 매달고 클레오파트라 자신은 장미유를 띄운 물에 목욕하고 온몸에는 장미 향수를 뿌렸다고 한다.

중국을 대표하는 미녀 양귀비는 향을 바르는 것도 모자라 향을 환약으로 만들어 삼킴으로 자신의 몸을 방향제로 삼았다. 또 침향과 단향나무 목재와 유황이나 사향을 바른 벽 등 향이 나는 재료로 만든 거처에서 생활했다고 한다. '섹스 심벌' 마릴린 먼로는 잠잘 때 샤넬 No.5만 뿌린다는 말 한마디로 샤넬의 향수를 베스트셀러로 만들었다.

향기는 옷차림과 함께 그 사람의 이미지를 결정하는 중요한 요소다. 특히 향기의 기억은 오래 남는다. 인간의 후각은 다른 감각 기관에 비해 먼저 발달한 기관이다. 뇌와 직접 연관된 유일한 감각인 후각을 통해 뇌에 전달된 이미지는 다른 감각 기관의 이미지보다 강렬하게 인상지워지는 법이다. 따라서 자신의 이미지를 전달하는 데는 향수만한 것이 없다. 현대에는 장미, 자스민. 계피. 흑후추, 일랑일랑 등의 향기가 성욕을 촉진한다는 견해가 있다. 또한 페로몬을 이용한 향수도 원하는 이성과의 섹스를 바라는 사람들에게 인기가 높다. 하지만 사람의 섹스는 전두엽이 최종결정을 내린다. 향수가 성욕을 생기게 할지는 몰라도 성행동을 직접 유발하기 에는 수많은 단계가 기다리고 있다. 서로 사랑한다면 각자 자신의 성 기관을 청결하게 유지 하는 것도 중요한 일일 것이다.

특히 남성들 중에는 자기의 성기에 의외로 무심한 사람들이 많다. 남성의 음경도 여성 못지않게 항상 청결하게 보호해 주어야 한다. 특히 남성의 생식기는 피부로 덮여있고 내부는 점막으로 싸여있기 때문에 접촉이나 마찰에 의해 쉽게 상처가 나고 염증이 생기기 쉽다.

여성 생식기의 청결을 위하여 따뜻한 물에 자주 좌욕을 하는 것이 좋은데 하지만 과도한 뒷물을 하는 것은 좋지 않다. 과도한 뒷물은 질내를 산성으로 만들어주는 유산균을 죽여 질내의 자연스러운 정화 작용을 방해하기 때문이다. 그리고 비누나 세정제를 쓰시는 여성들이 많은데 질 세정제나 비누를 많이 사용하면 질내 산성 환경을 깨뜨리게 되므로 식초를 물에 한 두 방울 섞어 사용하는 것이 좋다.

건강한 질의 냄새조차 비정상적인 냄새로 오인하는 결벽증 여성 혹은 남성이 있다. 이런 결벽증은 웰빙 섹스를 방해한다. 후각을 상실할 정도의 강한 향수, 건강하지 못한 구강과 성기에서 풍기는 냄새는 웰빙 섹스를 불가능하게 하는 냄새다. 부드러운 아로마 향 목욕을 한 후 정갈한 침구에서 나누는 사랑 그리고 문틈으로 스며드는 자연의 냄새, 그것이 웰빙 섹스의 냄새다.

육감적, 동물적인 체취를 없애고 신선함과 청결함을 위해 사용하는 것이 향수이다. 향수는 마음의 안정과 자신감을 준다. 향수는 물이 귀해 목욕을 하지 못했던 고대의 필수품이었다. 냄새를 제거하는 실제적인 목적 외에 종교 의식이나 심신의 치료제로 쓰였다. 구약성서와 신약성서에 기분을 즐겁게 하는 향들, 특히 유황이나 올리바눔(olibanum), 몰약에 대한 기록이 나온다. 이때의 향들은 액체가 아니라 연기였다. 태우는 과정에서 나오는 향기를 사용했다. 향수를 뜻하는 '퍼퓸(perfume)'은 연기를 통해 나오는 'per fumum'에서 유래한 말이다. 현대에 향수는 세가지 의미가 있다. 이성을 육감적으로 유인하기 위하여, 청결을 유지하기 위하여, 심리적인 안정을 위하여 사용된다.

성적 매력을 발산하기 위해 주로 사용하는 것이 무스크(사향)향이다. 무스크는 무겁고 육감적인 느낌을 전달하기 때문에 은밀한 무언가를 연상시킨다. 사향(musk)은 사향노루의 사향선을 건조 시켜 얻은 분비물이다. 사향선은 사향노루 수컷의 배와 배꼽의 뒤쪽 피하에 있는 향냥 속에 있으며 생식기에 딸려 있다. 강렬한 암모니아성의 향기가 나는데 이것을 묽게 하면 향기로운 냄새가 난다. 사향의 성분은 무색의 기름 같은 액체 무스콘(muscone)이며 알코올에 녹여서 추출한다.

경제가 어려워지면 무겁고 관능적인 향이 인기를 끈다는 보고가 있다. 1920년대 대공황이 닥치자 음울하고 어두운 나날이 이어졌고, 비관적인 사고는 사람들을 본능적인 행동에 몰입하게 만들었다. 통제 불능의 상황에서 사람들은 현실의 고통을 잊으려고 섹스에 몰두했다. 무스크는 사람들의 우울한 기분과 동물적 욕구를 대변했다. 반대로 2차 세계 대전의 승리후 미국은 승전보와 함께 가벼운 향의 꽃 향수가 인기를 끌었다고 한다. 섹스 자체에서 얻는 쾌락보다 미래에 대한 희망이 즐거움을 주었다. 조선시대 사대부 가문의 여인들을 가장 기쁘게 한 선물은 사향이었다. 안방마님으로서의 체면도 유지하고 남편의 사랑을 얻기 위해 사향을 늘 몸에 지니고 다니면서 첩들과 대결을 벌였다. 20세기 초 기생들 가운데는 사향을 질 속에 삽입해 벌거벗은 몸 전체에 은은한 향이 배도록 하던 여자들도 있었다.

섹스의 상식 9 오르가슴의 비밀

삽입성교로 오르가슴에 잘 못 오를 경우 가장 간단한 처치법이 있다. 엉덩이나 허리쯤에 베개를 받치는 것이다. 그럴 경우 G스팟이 노출이 잘 되는 각도가 된다. 그래서 남성이 정상위에서 섹스를 할 경우 G스팟이 잘 자극되어 여성이 훨씬 빨리 자극을 받게 된다. 또한 이때 여성이 남성의 몸을 휘어감은 상태에서 엄지발가락을 모으고 엉덩이에 힘을 주게되면 남성의 성기가 조여지므로 남성은 쉽게 자극을 받게 된다.

이렇게 했는데도 여성이 오르가슴에 오르지 못하면 바이브레이터로 클리토리스를 자극한다. 이때 클리토리스에서 특히 예민한 부위를 잘 찾아야 한다. 여기저기 자극을 해 보고, 가장 자극적인 부위를 찾으면 잘 기억해 둔다. 또한 손가락으로 G스팟을 동시에 자극해도 좋고, 딜도로 자극해도 좋다.

여성이 오르가슴에 올라 온 몸을 비틀면 삽입을 해서 남성이 피스톤 운동을 시작한다. 그러면 거의 동시에 남녀가 오르가슴에 오를 수 있다. 여성이 오르가슴에 올랐는지 알아보는 방법으로는 질에 넣은 손가락이 꽉꽉 조이거나, 클리토리스 주변의 근육이 수축운동을 하거나, 온몸을 비틀거나, 다리를 안으로 오므려서 손을 못 움직이게 하거나, 온 몸이 땀으로 범벅이 되거나, 괴성을 지르는 것으로 알 수가 있다. 남성도 나이가 들면 발기가 잘 안 된다. 이때 여성은 남성이 발기가 되는 것을 도와주어야 한다. 특히 잔소리하는 부인 앞에서는 발기가 더 안 된다고 한다. 일단 칭찬을 해 주어야 한다. 그리고 용기를 북돋아주기 위해 맛있는 음식도 해 주고, 부인이 야한 복장을 하는 것이 좋다. 또 분위기를 야하게 만들고, 약간의 술도 도움이 된다. 그렇게 했는데도 발기가 안 되면 남편에게 펠라치오를 해 주는 것이 도움이 된다.

남편의 성기를 아이스크림이라고 생각을 하는 것도 일책이다. 만약 그렇게 생각이 안 되면 아이스크림을 가지고 와서 성기에 바른다. 그리고 아이스크림을 빨아 먹듯이 빨아준다. 그렇게 하면 대부분 남편의 성기가 발기가 된다. 일단 발기만 되면 남자들은 피스톤운동을 해서 사정을 하게 되고, 그러면 거의 오르가슴에 도달할 수가 있다.

이렇게 했는데도 발기가 안 되면, 비아그라를 먹게 하거나, 혈액순환에 문제가 생겼는지 검사를 해 보아야 한다. 오르가슴을 느낀 성행위를 하면, 호르몬에 의해 서로에게 충성을 하게 된다. 그 이유는 옥시토신이라는 물질 때문인데, 마치 애기를 위해 희생을 할 수 있듯이 서로를 위해 희생을 할 수 있게 된다. 그래서 오르가슴에 이른 성행위를 위해 서로 노력해야 한다. 그 호르몬은 반드시 기분좋은 성행위에 의해서만 분비되기 때문이다.

그 호르몬이 분비되면 신경은 안정이 되고, 몸은 건강을 되찾고, 마음에는 평화가 온다. 마치 어린아이가 젖을 먹고 편안하게 잠을 자듯이, 기분 좋은 섹스 후에 인간은 편안하게 잠들 수 있다.

섹스의 상식 10 멀티오르가슴의 9단계

1단계 **믿어야 한다.**

오르가슴은 다리 사이에서 일어나는 것이 아니다. 오르가슴은 귀와 귀 사이에서 일어난다. 느낄 수 있다는 것을 믿고 또 이를 향해 의도적인 노력을 해야 한다.

2단계 **마음을 흥분시켜라.**

무엇이 자신을 흥분시키는지 탐구하고 자신의 감각을 자극하는 조명과 향기 , 어떤 특정한 장소 혹은 하루 중 어떤 시간이 좋은지를 안다. 상상력이 강하면 강할수록 원할 때 흥분을 높이기가 훨씬 쉽다.

3단계 **여러 쾌락점을 자극하라.**

클리토리스. G스팟 등 다양한 쾌락점을 찾는다. 손가락이나 발가락을 빠는 것도 강렬한 자극이 전해진다. 성교하는 동안 자신의 젖꼭지를 자극해 보라. 대부분 남성은 여성이 스스로 만지는 것을 보면 아주 강한 자극을 받는다. 또한 적절한 터치를 하여 파트너에게 어떻게 만져 주면 좋은지 알려 주고, 말로든 표정으로든 좋은지 싫은지 반응을 보여줘라.

4단계 **혀의 길을 따르라.**

여성의 자위에서 오르가슴에 가장 쉽게 가는 방법이 바이브레이터를 사용하는 것이라면 파트너와 성교하는 동안 오르가슴을 느끼기 위한 것은 오랄섹스다. 부드럽고 말랑말랑한 혀와 입으로 직접 클리토리스를 자극하는 데서 나오는 강렬한 쾌락은 결코 지나칠 수 없다.

5단계 스스로를 애태워라.

낮은 정도에서 중간 정도로 스스로를 흥분시키거나 파트너로 하여금 당신을 흥분시키게 하라. 다음 흥분이 줄어들지만 사라지지 않을 정도로 약간 늦춰라.

6단계 G 점이여. 오라!

손가락이나 페니스, 딜도를 다양한 각도로 삽입해 보는 것도 도움이 된다. 첫 오르가슴은 클리토리스에서 주로 오지만 나중 오르가슴은 더 흥분했을 때 질 아주 깊은 곳(G스팟)에서 일어난다. 깊은 오르가슴은 충만한 만족감을 느끼게 한다. 삽입 성교를 하는 동안 G스팟을 자극하는 가장 좋은 체위는 남성이 여성의 뒤에서 들어가는 것이다.

이때 여성은 손과 무릎을 바닥에 대고 있거나 배를 바닥에 대고 눕는다. 이 자세를 하면 남성은 좀더 수직으로 여성 위에서 움직일 수 있고, 또 얕은 삽입을 사용하여 여성의 G스팟을 자극할 수 있다. G스팟은 보통 여성 질의 앞쪽 벽 3~4cm 지점에 있다. 또 다른 자세는 남성이 등을 대고 눕고 여성이 남성의 발을 보며 남성 위에 앉는 것이다. 한 가지 더 소개 한다면 남성의 발을 보며 남성 위에 걸터 앉은 자세에서 팔을 뒤로 뻗치고 몸을 약간 젖히는 것이다. 이 세가지 자세에서는 여성이 삽입의 깊이를 조절할 수 있고, 남성의 페니스가 자신의 G스팟을 자극하도록 안내할 수 있다.

7단계 PC근육을 사용하라.

PC근육으로 자신과 파트너를 기쁘게 해 줄 수 있는 방법은 여러가지가 있다.

입구를 자극하기- 파트너(혹은 딜도) 가 당신에게 들어올 때 페니스 귀두 주위를 규칙적으로 죈다. **남자를 빨아들여라**- 파트너가 서서히 들어올 때 파트너를 질로 빨아들이듯이 PC근육을 규칙적으로 죈다. **물러날 때 죈다**- 파트너가 피스톤 운동을 하는 동안 물러갈 때 PC근육을 죈다. 그러면 질 벽으로 빨아들이는 느낌이 들어 그는 쾌락에 흠뻑 젖을 것이다. **안쪽 깊이 머물기**- 파트너가 질 안 깊이 있을 때 페니스에 대고 PC근육을 수축하라. **짧은 수축과 긴 수축**- 9회 얕게 1회 깊게 하는 도교인의 삽입 테크닉을 사용하여 얕은 삽입을 할때는 파트너가 물러날 때 짧게 죈다. 깊고 긴 삽입을 할 때에는 그가 들어오고 나갈 때 계속 PC근육을 죈다.

8단계 **클리토리스와 질을 함께 자극하기**

성교 중 클리토리스가 파트너의 치골과 부딪히는 것을 아주 좋아하는 여성도 있다. 가장 쉬운 자세는 여성이 남성 위로 올라가 무릎을 꿇는 자세다. 삽입 동안 스스로 자신의 클리토리스를 자극하는 것도 더할 나위 없이 좋다. 대부분 남성은 여성이 스스로 자극하여 오르가슴에 도달하는 것을 보면 아주 흥분한다. 사랑 나누기를 하기 전이나 하는 동안에 그에게 바이브레이터를 주고 당신을 자극해 달라고 할 수 도 있다.

9단계 **도움을 청하라.**

멀티 오르가슴을 느끼기 위해서는 당신에게 무엇이 필요한지 무엇을 원하는지 파트너에게 말을 해야 한다. 한편 여성이 오르가슴을 느끼도록 하는데 너무 집착한 나머지 여성이 오르가슴을 느끼지 못하면 자기 능력이 부족한 것처럼 여기는 남성도 있다. 오르가슴을 놀이를 하듯 느긋한 기분을 가져야 한다. 서로 피드백을 잘 해 주는 것 또한 사랑의 기술이다. 서로가 서로에게 긍정적인 표현을 사용, "여기 한 번 해봐", "좀더 가볍게 눌러 줘. 좋아 그렇게" 하는 식으로 말하는 것이 훨씬 효과적이다.

섹스의 상식 11 오르가즘 이렇게 하면 빨리 도달한다

여성 중 10~15%는 섹스 중 전혀 오르가슴에 도달하지 못한다고 한다. 이 통계는 애무를 잘 해주는 미국인들의 통계이기 때문에 우리나라의 통계는 더 높을 것이다. 오르가슴은 질 주위와 회음부 근육 및 항문괄약근 (Circumvaginal muscle, pubococcygeal muscle)이 0.8초 간격으로 반사적인 율동적 수축을 하는 것을 의미한다. 이런 수축은 특히 질의 바깥쪽 3분의 1부위에서 현저히 일어난다. 전신반응으로는 유방이 커지고 젖꼭지가 발기되며 팽창된다. 흥분기에는 붉은 반점이 명치부위에서 시작해서 전신으로 퍼져 나간다. 절정기에는 모든 여성의 약 3분의 2에서 이런 현상이 분명히 나타난다고 한다.

남성도 마찬가지다. 절정기에는 전신 근육이 긴장하며 고조기에는 가호흡이 있다. 절정기에는 이런 현상이 더욱 현저해진다. 맥박 수와 혈압도 성적 흥분의 정도에 일치해서 서서히 증가한다. 남성은 불수의적으로 땀이 나지만 여성에게는 이런 현상을 볼 수 없으며 때때로 손바닥에 국한해서 땀이 나오는 경우가 있다. 남성은 절정기에 성행위를 멈추게 되지만 여성은 계속할 수 있는 특징이 있다.

회복기에는 모든 신체적 변화가 원상태로 되돌아간다. 즉 음핵은 보통 10

초안에 제 위치로 돌아가며 질도 빠르게 충혈현상이 없어지지만 질이 원상태로 회복되고 자궁이 제 위치로 내려오는 데는 10~15분까지도 소요되는 경우도 있다.

성적 극치감은 척수 신경중추에 의해 지배되는 성기반사에 의해 일어난다. 방아쇠가 되는 지각자극이 천골부위의 외음신경에서 척수로 들어온다. 그리고 원심성 유출도 T1 에서 L2에 걸쳐 방출된다. 성극치감을 주재하는 척수 반사중추는 방광이나 항문부를 조절하는 중추와 해부학적으로 인접하고 있다. 이 때문에 하위 척수의 손상은 성적극치감 뿐만 아니라 배뇨, 배변의 조절까지도 모두 손상을 입는다. 성적 극치감은 흥분과 달라 혈관반사에는 관계없이 남녀 모두 특정한 성기근육의 반사적 수축으로 이루어져 있다. 오르가슴은 강력한 진통 효과가 있으며 면역 기능을 강화한다. 긴장과 스트레스도 해소한다. 그러나 무엇보다도 오르가슴은 절정의 기분을 느끼게 한다는 점에서 대단한 존재다. 남자는 섹스를 할 때마다 매번 오르가슴을 느끼기 때문에 섹스를 좋아한다.

여자에게 섹스는 남자들만큼 즐겁지 않다. 그것은 오르가슴을 잘 느끼지 못하기 때문이다. 만약에 여자들이 섹스를 할 때마다 오르가슴을 느낀다면 남자처럼 섹스를 좋아하게 될 것이다. 하지만 여자에게 오르가슴은 풀기 어려운 숙제다.

평생 한번도 느끼지 못하는 여성도 있다. 이렇게 여자를 감질나게 하는 오르가슴의 정체는 무엇일까? 어떻게 여자가 혹은 파트너가 노력을 해야 하나? 남자는 빨리 느끼는데, 왜 여자는 오래 걸릴까? 왜 조물주는 이렇게 인간을 다르게 만들었을까? 그로인해 여자는 자존심이 상하기도 하고, 섹스에 흥미가 없어지기도 하고, 열등감도 느끼게 되고, 혼자 가슴앓이도 하게 된다. 왜 남자는 '전자레인지' 인데도 여자는 '전기밥솥' 밖에 안 되는 걸까? 여자도 남자처럼 오르가슴을 신속하게, 그리고 섹스할 때마다 느낄 수는 없을까? 오르가슴 빈도나 도달 속도까지 개선하는 데 도움이 되는 방법이 없을까?

오르가슴을 쉽고 빠르게 느끼기 위한 방법을 소개한다. 미국의 클레어 허친스가 말하는 방식이다. 그녀는 오르가슴의 조건에 대해 말했다. 첫번째 조건은 일관성이다. 오르가슴은 모든 경험에서 보상으로 주어져야 한다. 즉 사랑을 나눌 때마다 오르가슴이 나타나야 한다. 둘째, 오르가슴이 나타날 때까지 밤새 기다리는 일이 있어서는 안 된다. 간단히 말해서 오르가슴은 쉬워야 한다. 또한 재미있어야 한다. 마지막으로 오르가슴에는 해방감이 뒤따라 한다. 그는 이렇게 그 비법을 소개한다.

1단계 **여성이 위로 올라가라!**

우선 남자에게 몸을 활짝 드러내도록 하라. 과감하게. 남자는 그대가 작업하는 모습을 즐길 것이다. 먼저 남자가 똑바로 누워 있고, 여자는 무릎을 꿇고 앉아 있는 상태가 된다. 이때 페니스는 충분히 발기되어 여자가 말타듯 걸터앉을 정도여야 한다. 여자는 두 다리를 완전히 벌려 남자의 페니스 위로 타고 앉는다. 일단 남자가 몸 안으로 들어온 게 확실하면 체중을 완전히 실으면서 앉는다. 허리부터 상체는 똑바로 세운다. 이것이 포인트다.

이 체위에서 여자는 페니스의 삽입 깊이와 횟수를 조절하도록 한다. 여자는 마찰의 양과 속도를 조절할 수도 있다. 여자는 운동을 무수히 변형할 수 있다. 몸을 일으켰다가 낮추거나, 두 사람의 가슴이 닿도록 몸을 숙이면서 유방을 쓸듯이 움직일 수도 있다. 골반과 복부를 다양한 각도로 움직여서 온갖 쾌감을 얻을 수도 있다. 앞으로 몸을 기울이면 남자의 치골과 클리토리스 사이에 마찰이 일어나게 된다. 남자는 누운 채 허리를 들어올려 클리토리스와 페니스 사이에 움직임이 연결되게 할지도 모른다. 갖가지 변형 자세를 시도해 보면서 자극이 가장 큰 경우를 기억해두자. 질 주위의 음순을 벌리고 파트너를 향해 몸을 숙이면 클리토리스가 페니스 맨 아랫부분과 직접 접촉하게 된다. 페니스 밑 부분에 클리토리스를 문지르기만 해도 충분한 자극이 된다. 바로 오르가슴에 도달할 수도 있다. 여자가 아래 위로 움직이는 동안 남자가 엄지손가락을 클리토리스에 대고 누르는 방법도 있다. 즉 섹스 중 클리토리스를 자극하는 것이다. 남자들은 성교 중 페니스 삽입으로 직접 자극을 받기 때문에 오르가슴에 도달하기가 쉽다.

여자도 똑같이 하면 된다. 즉 쾌감 기관을 직접 자극해야 한다. 남자는 페니스고 여자는 클리토리스라는 게 다를 뿐이다. 여자들은 섹스로 오르가슴에 도달하려고 모든 방법을 시도해 보았다. 그래도 실패했기 때문에 구강성교와 진동기를 동원하여 클리토리스를 자극하려고 했다. 클리토리스만 자극하면 여자는 오르가슴에 도달할 수 있다. 심지어 다중 오르가슴(multiple orgasms)까지도 쉽게 얻을 수 있다!

2단계 **성교중 자위를 하라**

구강성교(cunnilingus)와 진동기만으로도 오르가슴을 충분히 느낄 수 있다. 섹스 중에 남자의 페니스가 여자의 질을 가득 채운다. 이 상태로도 여자는 클리토리스를 직접 자극하여 오르가슴을 느낄 수 있다. 바로 그대 자신이 섹스 중 자위를 하는 순간부터 그렇게 된다. 여자는 전체 섹스에서 적어도 '절반'의 책임을 져야 한다. 놀랍게도 오르가슴 학습에 가장 좋은 방법은 자위행위다.

매스터즈와 존슨의 연구 이래로 여자들은 섹스 중 클리토리스 자극으로 오르가슴을 느낀다고 널리 알려졌다. 여자는 직접적인 자극을 받던지(손이나 진동기, 구강성교) 아니든지(페니스 왕복운동으로 클리토리스 표피를 당기고 문지르는 경우) 상관없다고 한다. 성을 제대로 알고 자신감을 느끼는 여자는 섹스 중 클리토리스를 손으로 자극하는 행위를 수치스럽게 생각하지 않는다.

파트너가 움직이는 동안 자신은 자위를 통해 오르가슴에 도달하는 방법을 배워보자. 그러면 섹스의 정의는 바뀐다. 섹스를 두 사람이 '동시에' 오르가슴에 이르는 성관계로 다시 보게 되는 경험을 얻기 때문이다. 수백만 명의 여자가 클리토리스를 추가로 자극하는 방법으로 성관계 중 오르가슴을 즐긴다. 여자는 대부분 4분간 자위로 오르가슴에 도달할 수 있다. 따라서 여자가 남자보다 오래 걸린다는 오해는 틀림없이 클리토리스 자극이 부적절하게 이루어졌기 때문이다. 직접 자극하라. 다시 말하지만, 당신은 할 수 있다.

3단계 상상을 하라

생각은 성적 반응에서 생식기만큼이나 중요하다. 이미지와 상상은 여성의 섹스에서 필수적인 요소다. 성적 쾌감은 생식기에 의해 좌우되지 않기 때문이다. 여러 신체 기관은 따로 기능하지만 순간순간 몸이 느끼는 감각을 해석하고 감정으로 다듬어야 성적 자극이 완성된다. 즉 상상은 자신을 몸의 감각에 집중하도록 돕는다. 상상은 은밀한 현실을 즐길 수 있도록 도와준다. 상상은 무미건조한 관계에 활력을 불어넣으면서 파트너를 지금보다 더 매력적으로 꾸며준다.

많은 여자들이 상상하는 상대는 남편이나 애인이 아니다. 오히려 다시는 만나지 못할 남자나 아무런 관계도 없는 사람이다. 상상이 즐거운 건 남자 주인공들이 '더럽기' 때문이지, '낭만적' 이라서 그런건 아니다. 그래야 상상이 재미있어진다. 낭만적인 상상이 더 좋다면 그대로 따라가라. 이전에 상상해 본 적이 없으면 몇 가지 줄거리를 만들어보고 살을 덧붙여 가도록 한다.

상상은 그저 신체나 생식기 이미지를 머릿속에 불러모으는 게 아니다. 엉덩이나 젖가슴이 전부는 아니라는 뜻이다. 필요하면 자신이 지금보다 더 젊고 늘씬하며, 더 예쁘고 풍만하다는 정도로만 바꾼다. 처녀라고 상상하고 싶다면 역시 그렇게 설정한다. 이렇게 만들어둔 이야기는 혼자서 자위를 시작할 때 활용하라. 이런 식으로 해 나가다 보면, 마음에 드는 상상은 실제 성행위 중 자위할 때 도움이 된다.

남자는 대체로 아름다운 여인과 유명한 여배우, 모델이 언제든지 섹스에 응하는 모습을 상상한다. 또 남자들은 비정상적인 섹스를 상상한다. 셋이서 하는 섹스, 남 앞에서 하는 섹스, 사람들이 미친 듯 얽히는 난교, 묶어놓고 하는 섹스 등을 꿈꾼다. 실생활에서 결코 해본 적도 없고 딱히 해보고 싶은 욕망도 아니다. 남자는 이렇게 거창한 시나리오를 상상하지만 결정적인 순간에는 특정 신체 부위의 이미지만 있으면 충분하다.

여자는 상상 속에서 낭만과 친밀감을 구하지만 남자는 낯선 상황을 강조하는 경향이 있다. 대체로 상상은 두가지 형식으로 나뉜다. 하나는 짧게 스치는 이미지고, 다른 하나는 줄거리가 있는 이야기다. 자위나 섹스 중에는 짧은 쪽을 이용한다. 한낮에 공상을 즐길 때는 세부사항을 좀더 갖추어 상상하지만 언제나 내용을 더하거나 바꾼다. 나 자신은 상상에 거의 등장하지 않는다.

대신 영화나 책을 보는 것처럼 상상을 '지켜' 본다. 이렇게 하면 감정을 개입하지 않아도 된다.

그러니까 상상속의 섹스는 '부담없는' 섹스가 된다. 상상은 뇌에 대고 '너나 잘해!' 라고 말하는 방법이다. 우리 몸이나 능력을 평가하는 파트너에게도 그렇게 하면 된다. 상상으로 '너나 잘해!' 라고 하라. 현실의 몸이 불만족스럽다면 가장 좋은 모습으로 상상하면 된다. 눈만 감으면 무엇이든지 가능하다. 상상 속에서는 S라인의 몸매가 되고, 아예 타인으로 변신할 수도 있다. 음란한 여자가 되라. 상상은 금기가 자극적이기 때문에 힘을 얻는다. 상상속의 섹스는 '부담없는' 섹스가 된다.

섹스의 상식 12 불감증 극복하고 명기 만들기

섹스에 관한 한 여성의 최종 목표는 명기 만들기다. 스스로 명기가 되는 것이다. 헤어날 수 없는 여성의 매력. 그것을 느껴 보지 않으면 알 수 없는 명기만의 매력. 어떻게 명기를 만들 수 있을까? 피나는 노력과 훈련이 있어야 한다. 능숙한 조교의 훈련을 잘 따르면 어느새 여러분은 명기가 되어 있을 것이다. 질은 신축성이 있는 튜브다.

그 속에 많은 주름이 잡혀 있어서 음경과 접촉하여 자극을 준다. 주름이 돌출되어 있어서 그것이 마치 수많은 지렁이가 음경주위를 감고서 움직이는 것처럼 느끼게 해서 강한 성적 쾌감을 줍니다. 말미잘처럼 조이는 질은 질입구에 있는 8자근을 힘껏 조여서 음경귀두가 강한 자극을 받게 하는 것인데, 질입구의 근육을 조이는 케겔 운동을 해서 능력을 갖출 수 있고 이런 훈련이 명기를 만들어 준다. 또한 질이 문어발처럼 음경을 빨아들이는 기능이 있는데, 여성이 오르가즘에 도달하면 자궁이 올라가면서 질 전체가 스포이드처럼 음경을 빨아들이는 느낌을 준다. 이렇게 문어발처럼 음경을 빨아들이는 능력도 성감만 높아지면 어떤 여성도 가능하다.

여성의 67%가 중앙에 질 구멍이 있고, 24%는 위질, 9%는 아래질인데 이 질 구멍의 위치는 음경의 삽입과 관계된다. 가운데질과 위질은 남성 상위 체위와 문제 될 것이 없는데, 아래질은 남성 상위체위로는 삽입이 어려워서 등뒤 삽입체위나 다른 체위로 삽입한 후 방향을 바꿔서 남성상위로 전환하는 것이 좋다. '카마수트라' 에는 남성의 크기와 여성의 크기에 대한 비유가 있다.

	대	중	소
남성	수말	황소	수토끼

	대	중	소
여성	암코끼리	암말	암사슴

같은 크기는 등성이라고 하며, 수토끼와 암사슴과의 성교, 황소와 암말, 수말과 암코끼리의 만남은 속궁합이 맞지만, 서로 다른 크기의 성교는 부등성이라고 한다. 예를 들면 세가지가 있다.

1.수토끼와 암말의 성교, 수토끼와 암코끼리의 성교.2.황소와 암사슴, 또는 황소와 암코끼리의 성교.3.수말과 암사슴, 수말과 암말의 성교

이들 중에서 큰 종족에 속하는 남자가 한 등급 낮은 종족에 속하는 여자, 즉 조금 성기가 작은 여자와 성교하는 경우를 높은 성교라고 한다. 혹은 두 등급 낮은 여자와 하는 것을 보다 높은 성교라 부르기도 한다. 속궁합이 맞

는 사람도 결혼해서 시간이 지나면 안 맞게 된다. 남자의 크기는 작아지고, 여자의 크기는 커지기 때문이다. 아무 문제가 없던 사람이 결혼생활이 길어지면 갈등이 생기는 이유도 이 크기와 관련이 있다. 질 성형을 하는 첫 번째 이유는 속궁합을 잘 맞추기 위해서다. 작은 페니스와 큰 질이 만났거나. 질과 페니스의 각도나 길이가 틀려서 오르가슴을 못 느낄 때 서로의 욕구 불만은 커진다.

예전에는 속궁합이 안 맞아서 못 살겠다고 이혼하고, 외도를 했다. 또한 속궁합 맞는 사람을 찾아 삼만리~~계속 찾고 찾고 또 찾고.... 하지만 그것이 어디 쉬운 일인가? 어쩌다가 정말 딱 맞는 사람이 나타나면 이혼도 불사하게 된다. 하지만 이제는 시대가 달라졌다. 속궁합을 맞추는 수술이 있다. 다 안 맞지만 속궁합만 맞아도 살 수 있다고 하는, 바로 그것에 대한 고민이 현대의학의 도움을 받아 풀릴 수 있게 된 것이다.

물이 적은 여자 물만들어 주기 여성이 성적자극을 받으면 충혈을 통해서 질의 바깥 3분의1이 혈액으로 가득 차게 되는데 이때 충혈에 의해 질내부로 땀이 분비되는 것과 같이 윤활액이 스며나와 질이 젖게 된다. 마치 운동했을 때 땀이 나는 것과 같다.

이 윤활액은 바솔린샘액과 질의 땀이라고 할 수 있는 질액이 섞인 것인데, 성적 흥분에 의해 바솔린샘에서 분비되는 질액은 0.2-0.5ml정도로 질 구멍 주변을 적실 정도이고 성적 자극이 계속되면 빠른 사람은 30초이내에 질안벽에서 10~100ml 의 질액이 스며나온다.

이 윤활액은 개인차이가 많다. 성교통을 야기할 정도로 물이 없는 여성이 있는가 하면 너무 많은 양이 나와 침대바닥을 심하게 적실 수도 있다. 특히 물이 적은 경우 파트너도 같이 통증을 느낀다. 섹스가 고행이 될 수 있다. 혈액순환에 문제가 있으면 불감증이 되기 쉽다. 골반염이나 냉대하, 질염, 불임, 자궁외임신, 자궁혹 등도 생긴다. 이럴 때는 골반 마사지를 해 줌으로써 골반에 가는 혈액의 원할함을 도울 수 있다.

특히 성생활을 안 하는 독신여성들은 피가 고여 있다. 생리통이 심하거나 자궁에 혹이 생기는 이유도 혈액순환과 관계가 있다. 이때 골반마사지를 해 줌으로써 혈액순환을 도와주면 여성질환의 많은 부분이 치료된다. 물도 고여 있으면 썩듯이 피도 고여 있으면 문제가 생긴다. 고여 있는 피를 잘 흐르도록 경혈을 터 주어야 한다.

섹스의 상식 13 섹스 100배 즐기기 125가지 비법

공부를 잘 했거나, 모범생 중에 답답한 사람이 많다. 답답하지 않았다면 공부를 잘 하거나 질서를 지키고 살기가 어렵다. 더군다나 기분대로 살면 성실하기는 더더욱 어렵다. 하지만 자유로운 사고, 호기심 많은 행동, 새로운 것에 대한 시도 등은 이런 모범생에게는 찾기 힘들다. 많은 모범생들은 재미없는 사람이라는 말을 듣거나 시큰둥한 사랑을 하게 된다. 당연히 배우자에게는 매력이 없다는 말을 듣게 되기도 한다. 그래서 세상은 공평한 것 같다.

모범생이 재미있고, 멋있게 살고, 계속 매력적으로 행동하면 너무나 억울하지 않은가. 하지만 모범생뿐 아니라 노는 것이 취미인 사람도 나이가 들면서 차차 사는 게 재미없어 진다. 이렇게 나이가 들면서 서로 사는게 별 재미가 없어질 경우 그래서 하루정도 있으나 없으나 별 아쉬울게 없을 때, 곰국 끓여놓고 남편을 나 몰라라 하면서, 부인은 자식들 집에 1주일 이상 가 있어도 죄책감이나 미안함을 느끼지 않게 되고, 서로 소 닭 보듯이 살아가게 된다. 그럼 어떻게 이런 권태기를 극복할까? 맛있는 것, 새로운 것을 먹으러 가듯이 새로운 장소, 새로운 분위기, 새로운 기분, 새로운 테크닉을 개발해야 한다. 모범생들이 공부하듯이 하면 잘 할 수 있다.

파트너와 새로운 사랑을 매일매일 계획해보라. 공부하듯이, 리포트 쓰듯이, 접대하듯이...초심으로 돌아가 보자. 처음 만났을 때, 얼마나 기분 좋았는가? 그 사람을 위해서 종이학을 접고, 생일 때 선물을 준비하고, 편지를 쓰고, 좋은 노래를 테이프에 녹음하고, 맛있는 음식을 먹게 되면 그 사람과 같이 와야겠다고 생각을 했었다. 그 뿐인가? 헤어지고 나면 또 만나고 싶고, 전화끊고 나면 또 목소리가 듣고 싶었지 않나?

매일 하루에 한가지씩, 혹은 일주일에 한가지씩 무조건 따라 해 보라. 집에 작은 항아리를 하나 구해서 125가지 비법을 적은 종이를 접어서 넣어둔다. 그리고 매일 아침•출근전에 제비뽑기를 하는 것이다. 마치 1등 당첨자를 뽑듯이 조심스럽게 뽑는다.

그리고는 그날 뽑은 종이에 써진 내용을 파트너와 같이 실천하면 된다. 사랑이 마치 요술처럼 다시 돌아올 것이다. 방법은 아래와 같은 것 말고도 얼마든지 있다. 독자의 독창성과 창의력으로 다른 방법도 써넣어 항아리의 내용을 풍부하게 할 수도 있다.

1. 사탕빨기 – 절대 깨물어먹지 않기 – 파트너의 성기에 적용
2. 아이스크림 핥아먹기 – 섹시하게 먹기 – 오럴섹스에 응용

3. 푸샵하기 – 팔힘 키우기 – 섹스하는 시간 늘리기 위해

4. 런닝머신에서 뛰거나, 스테퍼, 혹은 등산, 빨리걷기로 허벅지 단련시키기 – 섹스시간 늘리기 위해

5. 요가하기 – 후배위자세, 물구나무서기, 다리 찢기로 유연성 기르기 – 여러가지 테크닉을 위해

6. 얼굴마사지 – 아로마오일 사용 – 에로틱 마사지 연습

7. 파트너 때밀어주기 – 에로틱 마사지 연습

8. 파트너와 술마시기 – 대화하고 기분 풀고 스트레스나 긴장을 풀기 위한 연습

9. 파트너와 음악회 가기. 기분좋은 외출하고 다른 이벤트도 만들어보기

10. 처음 데이트한 곳 방문하기 – 초심으로 돌아가 보기

11. 촛불켜고 저녁먹기 – 같은 저녁도 다른 분위기에서

12. 야한 속옷 사러가기 – 파트너것도 사기 – 야한 분위기를 위해, 남자는 시각적이므로

13. 짧은 신발신고 걷기 – 하체단련을 위해. 중국 전족은 명기 만드는 데 최고의 방법

14. 케겔운동하기 – 명기만들기. 질압을 높이고 요실금 예방하기

15. 성감대 지도 그리기 – 서로의 성감대 파악하기

16. 사랑의 달력 만들기 – 사랑의 타임스케쥴짜기

17. 자위하기 – 혼자서 하는 사랑법

18. 파트너 자위해주기 – 파트너가 해주는 자위는 색다른기분

19. 유머 외우기 – 긴장을 풀거나 유쾌한 분위기 만들기

20. 사랑의 편지보내기 – 핸드폰으로 편지보내기 – 낮에 갑자기 날아온 편지, 기분을 좋게 해 준다

21. 노래방가서 사랑 고백하는 노래하기 – 평소에 하기 힘든 것을 노래의 힘을 빌어서

22. 키스테크닉 익히기 – 멋진 키스로 마음 전달하기

23. 치과에 가서 스켈링하기 – 항상 향긋한 입냄새를 위해

24. 침대옆과 차안에 가글링과 박하사탕 사 놓기 – 항상 키스를 할 수 있는 곳에 기분좋은 냄새를 위해

25. 파트너 칭찬하기 – 자심감과 사랑을 담아서 칭찬하기

26. 야한 비디오 같이 보고 따라하기 – 평소에 안 하던 테크닉 따라하기

27. 야한 책 같이보고 따라하기 – 책을 통해 배우기

28. 야한 얘기 자주하기 특히 식사때나 잠자기전에 – 성욕을 일깨우고 분위기를 전환하기

29. 처가 아닌 애인처럼 행동하기 – 애인처럼 야하게 가볍게

30. 감동할 만한 선물하기 – 파트너를 감동시킬 선물 생각해보기

31. 모텔 가보기 – 분위기를 바꿔보기

32. 평소에 안 하던 서비스 해 주기 – 외식하듯 평소에 안 하던 행동을 해 보기

33. 파트너를 감동시킬 방법 찾아보기 – 어떻게 파트너를 감동시킬지, 평소에 한 말이 있으면 기억해두었다가 해 주기

34. 대낮에 섹스하기. 시간대를 바꾸는 것만으로 신선하다.

35. 카섹스해보기. 장소를 바꾸는 것만으로 신선하다.

36. 엘리베이터에서 기습 키스하기. 짜릿한 자극.

37. 야외에서 남모르게 섹스하기. 스릴, 서스펜스로 성욕이 올라간다.

38. 외식하면서 다리로 상대의 거기 자극하기. 들킬지 모른다는 마음에 가슴이 콩당.

39. 머리모양 바꿔보기. 다른 사람처럼 보인다.

40. 화장을 야하게 해보기. 키메라처럼.

41. 평소에 안 입던 옷 입어보기. 남처럼 행동하기

41. 파트너와 나이트클럽 가보기. 다른 분위기에서 애인처럼.

42. 남편과 대화하는 것이나 식사하는 것을 비디오로 찍어보기 - 말투, 태도 등을 객관적으로 판단할 수 있게

43. 초코시럽을 몸에 바르고 핥기. 애무의 한 방법

44. 같이 목욕하기. 생리하는 날 시도해본다.

45. 목욕탕에서 섹스하기. 피로가 쌓인 부부에게 필요.

46. 1박2일 충분히 잔 후에 섹스하기.

47. 파트너와 같은 취미갖기. 시간을 같이 많이 보내는 가장 좋은 방법

48. 파트너가 읽는 책 같이 읽기. 대화의 내용이 풍부해진다.

49. 파트너의 가족과 식사하기. 친정, 시댁 식구에게 점수따기

50. 고맙다는 말 하기

51. 미안하다는 말 하기

52. 고민이나 힘든 일 의논하기

53. 일상에서 벗어나서 여행가기. 갑자기 옛 생각이 나서 초심으로 돌아간다.

54. 섹스 싸인만들기. 인형으로 표시하기. 하고 싶은 날, 하기 싫은 날 표시하는 방법.

55. 눈빛하나로 파트너 유혹하기. 영화의 한 대목 흉내내기

56. 사랑스런 눈빛으로 쳐다보기

57. 사랑스러운 말 하기

58. 서로 좋아하는 향수 사 주기

59. 잘못한 일 용서해 주기

60. 아주 매운 음식 먹으로 가기. 눈물날 만큼 매운 음식 먹어보기

61. 비오는 날 맛있는 커피마시러 가기

62. 비오는 날 독특한 일 만들기

63. 평소에 안 하던 체위 해보기

64. 평소에 꼭 같이 해 보고 싶은 것 얘기해 보기

65. 이것만은 고쳐주었으면 하는 것 편지로 써서 보내기

66. 파트너가 평소에 받고 싶은 선물 해주기

67. 초콜릿 선물하기

68. 장미꽃 선물하기

69. 옷 사주기

70. 화장품 사주기

71. 파티하기 (생일파티, 바베큐파티, 삼겹살파티, 승진파티 등등)

72. 연애시절때 듣던 음악 감상하기 - LP판 틀어주는 곳 가기

73. 도시락 밑에 사랑의 편지 써주기 - 야외놀러갈 때, 출장갈 때.

74. 성에 대한 책 선물하기

75. 연애시절 자주 데이트하던 곳 방문하기

76. 연애시절때 같이 만나던 사람 찾아가기

77. 옛날 사진이나 비디오 같이 보기 – 결혼식 등

78. 10/10 해 보기 – 10분간 주제를 정해 글쓰고, 바꿔서 읽은 후 10분간 얘기하기

79. 성교육에 대한 워크샵 참가하기

80. 성교육 비디오 같이 보기

81. 같이 운동하러 가기 – 볼링, 탁구, 헬스클럽, 요가, 런닝머신

82. 같이 등산가기

83. 같이 영화보러가기

84. 야구나 농구, 축구 등 좋아하는 운동경기 같이 보러 가기

85. 운동장에서 같이 운동하기 – 농구, 축구, 달리기, 테니스, 빨리 걷기

86. 처음 키스한 장소 찾아가서 똑같은 기분으로 키스하기

87. 감동할 만한 작은 선물하기

88. 남편에게 "구두를 사 가지고 들어오면 멋진 섹스를 선물해 줄게"라고 말하고 멋진 섹스로 다시 사랑찾기

89. 첫 섹스를 했던 때처럼 정성들여서 섹스해 보기

90. 첫 섹스했던 곳 찾아가기

91. 첫 여행을 같이 갔던 곳 찾아가 보기

92. 신혼여행 갔던 곳 찾아가기

93. 같이 나무심기 – 주말농장에 가서 감자, 고구마, 옥수수를 심어도 좋고... 배란다에 상추를 심어도 좋고...

94. 섹스숍에 섹스토이 사러 가기

95. 여러가지 이벤트를 사탕상자에 써서 넣었다가 제비뽑기하여 실행하기 –

예를 들면 누가 먼저 애무해주기, 오랄섹스해주기, 평소에 하고 싶은 체위해보기, 옷벗고 설겆이하기...

96. 바이브레이터로 애무하기

97. 야한 콘돔 써서 섹스하기

98. 여성용,남성용 비아그라 사용하기

99. 비아그라, 씨알리스 먹고 비교해 보기

100. 와인이나 소주마시고 섹스하기

101. 파트너 칭찬하는 말 3가지 이상하기(세련되게 진심어린 마음으로 칭찬하기)

102. 도발적인 행동으로 파트너 옷 벗기기

103. 섹시하다고 얘기 해 주기

104. 매일 섹시한 행동 하나씩 해 보기

105. 깜짝 놀랄만한 이벤트 준비하기

106. 웃음을 자아낼 장면 연출하기 - 예를 들면 옷은 벗고 넥타이만 매고 섹스하기...

107. 시댁이나 처가집 행사 꼭 챙기기

108. 집안일 도와주기

109. 커플옷 사서 입기 (잠옷, 티셔츠, 속옷 등등)

110. 도발적으로 펠라치오나 커닐링구스 해주기

111. 섹스후 옷 벗고 자기

112. 인적이 드문 곳에 텐트치고 섹스해 보기

113. 측위로 섹스한 후 성기넣고 자기

114. 파트너 성기 관찰하기 – 자위하기 전과 후, 오르가슴 느끼기 전과 후 그림이 자신없으면 디카로 찍어 보기

115. 성적 환상 이용하여 섹스하기

116. 키스하는 장면 사진 찍기

117. 섹스하는 장면 비디오로 찍어서 보기

118. 가장 야한 유머 찾아서 외워서 말하기

119. 전위하는 시간 재보기

120. 삽입 후 피스톤 운동하는 시간 재보기

121. 페니스 길이와 두께 재보기

122. 질의 길이, 클리토리스 길이 재보기

123. 클리토리스 자극 후 몇분 후에 오르가슴에 오르는지 재보기

124. 서로 자위행위 하는 것 지켜보기

125. 최근 먹은 음식 중 가장 맛있는 음식 같이 먹으러 가기

섹스의 상식 14 섹스 얼마나 자주하나

최근 영국의 콘돔 회사인 듀렉스사가 흥미로운 조사결과를 발표한 적이 있다. 전세계 14개국 성인남녀 1만 명을 대상으로 일주일에 몇 번 성 관계를 가지는가를 조사한 것이다. 프랑스가 단연 1위로 1년에 151회 즉 일주일에 3회 정도 섹스를 하는 것으로 나타났다. 그 다음이 미국으로 1년에 148회이며 14개국 평균이 112회로 일주일에 2회 이상 성 관계를 가지는 것으로 조사됐다.

물론 나이에 따라 섹스 횟수가 다르기 때문에 이 통계가 그렇게 큰 의미를 가지는 것은 아니다.

킨제이 보고서에 의하면 일주일에 섹스를 하는 평균 횟수가 20세 이전에는 3.3회, 25세까지는 4.1회, 30세까지는 3.5회 그리고 35세까지는 2.9회, 40세까지는 2.4회, 40대는 1.95회, 50대는 1.54회인 것으로 통계가 나와 있다.

물론 킨제이 시대보다 요즘이 더 섹스 횟수가 늘고 있다는 통계도 있다. 이런 경향은 피임용구의 개발과 인터넷이나 미디어를 통해서 성적 자극과 성 지식에 힘입은 바가 크다고 한다.

그렇다면 우리나라 사람들은 어떠한가? 일주일에 한두 번 하는 것이 평균이라고 한다. 게다가 섹스리스 부부들도 늘고 있다고 한다. 물론 섹스는 횟수보다는 질이 중요하다. 그러나 섹스의 질이 나쁘면 그 횟수도 줄어들게 된다.

다시 말하면 섹스의 횟수가 줄고 있다는 것은 바로 섹스의 질이 나빠지고 있다는 말이기도 하다. 그런데 섹스의 횟수가 줄게 되면 나중에는 섹스를 하고 싶어도 하지 못하게 된다는 사실을 알아야 한다.

남자의 성기는 아침뿐 아니라 밤새 4~6회 발기를 한다. 이것이 없다면 성기 해면체 혈관에는 섬유화가 생겨 피가 통하지 못하게 된다. 그래서 한창 젊을 때는 섹스를 하지 않아도 발기가 되지 않을 염려는 없다. 그런데 남자가 섹스를 하면서 성적 열등감에 빠지게 되면 수면 중 발기 횟수도 줄어들게 된다.

또한 나이가 40~50대쯤 되고 나면 이런 수면 중 발기 횟수도 줄어들어 해

면체 섬유화를 가속화하게 된다. 그래서 남자들이 아침발기가 되면 '아직 녹슬지 않았구나' 하며 안도하는 것이다.

섹스의 상식 15 외도 대처법

1. 일단 남편의 외도를 회피하지 말고 사실로 인정해야 한다.

내 남편만은, 설마, 그럴 리가 없어, 라고 부정하고 회피하면서 시간을 끌면 오히려 남편의 외도를 눈감아 주는 것이 된다.

2. 상대방 여자와의 담판은 남편이 하도록 해야 한다.

보통 부인이 직접 상대 여성을 만나 싸우거나 남편에게서 떠날 것을 요구하는데 이럴 경우 부인이 '해결사' 노릇을 함으로써 남편은 자신이 저지른 일에 대해서 책임지지 않아도 자연스레 해결되어 남편이 처리해야할 부분을 대신해 주는 일이 된다.

3. 시간 여유를 주지 말고 단번에 끊게 해야 한다.

보통 정리할 시간을 달라는 식으로 몇 개월 몇 년 하면서 시간을 끌게 되면 외도를 공공연하게 인정하게 되고 그 사이 남편은 재산이나 다른 쪽으로 수단을 강구할 수도 있다.

4. 미리 대책을 세운 뒤 남편과 담판을 짓도록 한다.

남편이 비록 외도를 하였다 하더라도 남편과 당장 이혼하기를 원하는 아내는 별로 없다. 그러므로 외도 사실을 알았다고 하여 아무런 대책없이 당장 남편에게 이야기하였다가 오히려 남편이 외도 상대와의 관계를 끊지 않겠다고 한다면 아내는 울며겨자먹기로 매달려 살 수 밖에 없는 사례가 많다.

외도 예방법

준수해야 할 원칙은 다음과 같다.

1. 가끔 낭만적인 이벤트를 준비하라.

아내든 남편이든 특히 부부생활을 오래한 커플일수록 권태에 빠지기 쉽다. 이럴 때는 조금 부끄럽게 느끼더라도, 약간의 이벤트를 곁들이는 편이 좋다. 욕실에서의 거품목욕이라든가, 향이 좋은 오일을 이용한 마사지, 침실에 켜두는 촛불 등 사소한 것이라도 시도해보자.

2. 배우자 한쪽이 성에 대해 고정관념을 가지고 있다면 즐겁고 활기찬 섹스를 하는 데 방해가 된다.

이럴 때는 천천히 난이도를 조정하면서, 성에 대해 더럽고 야만스러운 것이라는 생각을 갖지 않도록 시청각자료나 책을 통해 대화를 나누는 편이 좋다. 침대 위에는 룰이 없다는 자세로 즐긴다.

전희를 전채, 섹스를 메인으로 보는 시각을 바꾸자. 우리나라 남성 중에는 '삽입=사정' 이라 고 생각하고 피스톤 운동에만 신경쓰는 이들이 있다. 그런 자세는 버려라. 이젠 섹스도 멀티플레이로 즐겨야 한다. 삽입하고 있다가도 필요하면 애무를 하는 것이다. 꼭 성기 결합만이 섹스의 전부라는 생각을 버리고 혀끝, 손, 발 등 온 몸을 이용해 애무를 한다면 섹스의 만족도는 더욱 높아진다.

3. 최소한의 긴장을 하면서 살아라.

결혼한 지 꽤 시간이 지나면 아내도 남편도 서로에 대한 긴장이 풀어지기 쉽다. 특히 아내는 남편이 저녁 먹은 후 양치질도 안하고 키스를 하는 등 무작정

덥칠 때 정나미가 떨어진다고 한다. 섹스 전에는 늘 깔끔하게 매너를 지키는 것이 부부간 성생활을 즐기는 방법이다.

4. 거절할 때는 요령껏 하라.

"저리가!" "싫다는 데 짐승처럼 왜 이래" 아내의 이런 멘트는 남편에게 큰 상처를 남긴다. 몸이 피곤하고 사정이 안 좋다고 해도 은근한 말로 거절하는 매너를 갖추자.

5. 서로의 성적 기호를 확실히 표현해라.

자신이 특별히 좋아하는 체위나 방법이 있다면 배우자에게 확실하게 말하는 편이 좋다. 말을 하지 않고 '이건 아닌데...' 하고 시큰둥한 반응을 보이는 것은 도리어 바람직하지 못하다.

섹스의 상식 16 외로운 여자 탈출기, 자위행위의 미학

어떤 외로운 여자가 있었다. 남편은 성적 갈등을 해소하는데 조금도 도움을 주지 못했다. 날마다 얼르고 달래서 겨우 하는 것도 한 두번이지, 이제는 지쳤다.그녀의 고민은 이 성적 갈등을 어떻게 푸느냐는 것이다. 그녀는 사회적으로 성공했고, 그래서 함부로 행동을 할 수도 없었고, 하지만 어떻게든 스트레스를 풀고 싶었다. 나에게 어떻게 할 수 있는지 물었다. 어떤 대답을 해 주어야 하나? 그녀는 우리나라 실정에서는 어떤 답도 없다고 캐나다로 이민을 가겠다고 했다. 이와 같은 고민을 하는 여자가 어디 한둘일까?

우리나라는 남성위주의 사회다. 그래서 여자들이 남편을 통하지 않고 성적 갈등을 풀 수 없으면 그것으로 그녀의 성생활은 끝이 난다. 모두가 그것을 알지만 달리 해결할 방법이 없다. 도덕적인 문제가 가로 막고 있기 때문이다.

여자들이 가정을 담보로 무슨 일을 벌일 만큼 용감하지 않고, 그럴 가치가 있다고 생각하지 않기 때문이다. 그럼 이것을 어떻게 해결할까? 지금 의견으로는 자위행위밖에는 답이 없다. 난 그녀에게 자위행위에 대해 얘기해 주었다. 하지만 뭔가 2% 부족하다. 그런 여자들을 상대로 선수들이 판을 친다.

성인나이트 클럽은 문전성시를 이룬다. 어떤 마케팅은 예쁜 남자들이 섹스어필하면서 중년의 외로운 여자들에게 접근을 하면서 물건을 판다. 여자의 비어있는 마음이 그들의 마케팅전략이다. 여지없이 그녀들의 소비가 이루어진다. 약간의 가슴 설레임과 한 두번의 따뜻한 눈길과 손을 잡아주거나 블루스를 쳐 주는 것으로 끝나더라도, 그녀의 갈증이 약간 해소가 된다. 얼마나 남편이 안 해주었길래.... 이럴 때 2% 부족하지만 자위는 여자에게 큰 위로가 된다. 마치 혼자 영화나 비디오를 보듯이 행복을 줄 수 있다. 또한 오르가슴을 선사함으로써 성적긴장을 푸는데 도움이 된다. 자위는 자신을 받아들이고 자신의 성적인 욕구를 시인하기 위해서 스스로를 애인으로 삼는 것을 의미한다.

자신의 섹슈얼리티를 조절하는 법을 배우고, 성에 대해 지금까지 배워 온 모든 수치와 죄책감을 없앤 다음 나 자신을 최대한의 존경심을 가지고 다루며 다른 어떤 누구도 나를 격하시키거나 성적인 대상으로 이용하지 못하도록 해야 한다는 의미다. 다시 말해서 다른 누군가를 사랑하려고 노력하기 전에 나 자신을 사랑하는 법을 배우는 과정이기도 하다.

미국의 베티 도슨은 '네 방에 아마존을 키워라' 라는 책에서 자위에 대해서 이렇게 말한다. "여성이 자위를 통해 얻게 되는 것은 많다. 그것은 여성을 억압하는 사회가 가르쳐 주는 것이 아니기 때문에 더 달콤하다. 그것을 통해 얻게 되는 긍정은 궁극적으로 성적 억압으로부터 나를 자유롭게 한다는 것이다. 물론 강박적으로 자위를 할 필요는 없다. 자위하는 여성이 실제 이성간의 섹스에서 임신으로부터 절대적으로 자유로울 수는 없는 것과 마찬가지로 자위가 여성이 가지는 성적 억압의 문제들을 모두 해결하는 것은 결코 아니다.

하지만 자위는 우리 여성들이 억압당했던 성적 욕망을 해방시켜주는, 그래서 우리의 욕망이 타인에 의해 규정되지 않고 주체가 되어 스스로 규정할 수 있도록 한다. 우리의 보지와 우리의 자위와 우리의 성적 욕망은 온전히 우리들의 것임을 우리 몸이 알려주고 있는 것이다. 스스로의 성적 욕망을 위해 온전히 자신만의 오르가즘을 느끼는 자위하는 여성이 세상에 존재하는 것이다. 자위하는 여성은 자신이 원하는 것이 무엇인지 분명히 알고 있다.

자위는 분명한 것이 무엇인지 알려주기 때문이다. 바로 자신의 몸을 통해서. 자위를 하면서, 자신에게조차 숨겨야 하는 것으로 배워 온 비밀스러운 성적 사실들을 몸과 마음을 통해 탐구할 수 있는 기회를 얻을 것이다. 쾌락과 성적 창의력에 대해 배울 수 있는 이보다 나은 방법이 또 어디 있겠는가?"

자위행위, 이런 세계가 있다

한 번도 오르가슴을 느껴 보지 못했다면 처음부터 손으로 직접적인 클리토리스 자극은 무리수이다. 간접적인 자극부터 시작한다. 바닥에 엎드려서 다리를 모은 상태에서 손으로 넓게 음부를 자극하면 허리와 엉덩이에 힘이 가해지고 슬슬 흥분이 오게 된다. 더욱 절정에 오르기를 원하면 클리토리스를 직접 자극하되 손으로 빠르게 진동을 주면된다.

샤워기 추천- 샤워 할 때 수압을 생기게 한 다음에 클리토리스 부분에 갖다 댄다. 대개 1-2분 정도 자극하면 첫 오르가즘을 느낄 수 있고 예민한 곳이므로 쉬었다 한다. 몇번 반복할 수도 있다. 목욕탕에서 나오는 강한 물살을 이용할 수도 있다. 비데를 비데로만 볼 수 없다. 어느 날 허리가 아파서 몸을 숙이고 볼일을 보다가 비데의 물줄기가 예쁜이에게 잘못 맞으면서 찌르르 하는 느낌이 온몸을 훑고 간다. 그때 " 아 민망해" 가 아니라 "야호!"를 외쳐주면 된다. 이때 수온을 따뜻하게 하고, 수압 조절기를 약, 강, 약으로 조절해 가면서 사용하니 더 좋다고 한다.

유형으로 살펴본 자위 스타일(팍시러브 중)

1.판타지 제일주의 형

흡족한 성적 판타지를 떠올리면서 자위를 즐기는 유형이다. 판타지가 자위에 몰두하도록 이끄는 가교 역할을 한다. 판타지의 내용은 아직 만나지 못한 사랑스런 연인과의 접촉이다.

2. 도구 예찬형

일상생활에 사용하는 도구를 적극적으로 자위에 끌어들이는 유형이다. 오이의 까슬까슬한 부분을 깎아내서 클리토리스를 자극하고 질에 삽입을 해 보거나, 진동 마사지로 음부를 자극해 보거나. 심지어는 빨래집게로 유두와 클리토리스에 고통을 줘서 쾌감을 느낀다는 여성도 있다.

3. 라이브 쇼형

파트너 앞에서 자위를 할 때 더 흥분하는 유형이다. 처음에는 시도하기가 어렵지만. 파트너 앞에서 자위를 하다보면 서로 상대방의 성감대를 파악하고 애무의 힌트를 얻는데 도움이 된다고 생각한다.

4. 생리일 흥분형

생리 때만 되면 자위에 몰두하는 타입도 있다. 평소에는 무덤덤하다가도 생리 즈음해서 성욕이 솟구치고, 그때 자위로 강렬한 오르가슴을 느낀다는 유형이다. 방법은 팬티 안에 손을 넣고 클리토리스를 문지른다고 하는 사람이 많다.

5. 전희 중심형

허벅지가 서로 부딪치는 느낌 때문에 치마 입은 날 유난히 섹시한 느낌이 된다는 유형이다. 대담한 축에서는 아예 노 팬티로 치마를 입어 흥분을 극대화 시킨다고 한다.

6. 프로 즐딸러형

자위에 대해서 개방적인 서구 여성 중 많은 유형이다. 채팅과 이메일을 통해 여성들과 자위 타입에 관해 대화를 한다. 그녀들 중에는 자위시 질과 클리토리스를 동시 공격해야만 진정한 오르가슴을 맛볼 수 있다고 주장하는 이들이 많다.

섹스의 상식 17 명기의 3대요소 : 따뜻함, 촉촉함, 조임

여성의 질이 명기인지 아닌지를 아는 것은 참 어렵다. 하지만 객관적으로 알 수 있는 것이 위의 3대요소(따뜻함, 촉촉함, 조임)이다. 조임은 그 유명한 케겔운동을 열심히 하는 것으로 완성할 수 있다. 출산을 하거나, 오랫동안 사용하면 당연히 헐거워지는데 열심히 근육운동을 하는 것이 좋다. 그래도 안 되면 물리적으로 줄여야 한다.

따뜻함은 혈액순환이 결정한다. 혈액순환을 방해하는 질환에 걸리지 않도록 조심을 하는 것이 중요하다. 예를 들면 당뇨, 혈압, 비만, 빈혈 등은 모두 혈액순환을 방해하는 질환들이다. 이런 질환에 걸리지 않도록 미리 운동을 하는 것이 좋다. 성관계 전에 약간의 술도 혈액순환을 돕는다. 특히 자신이나 파트너가 좋아하는 술을 적당량 마신다. 그러나 본인의 주량보다는 적게 마셔야 한다. 여성에게 냉증은 특히 좋지 않기 때문에 몸이 따뜻하게 운동도 하고, 건강도 잘 지켜야 한다.

그러면 촉촉함은 어떻게 유지할까. 평소에 자위를 하면서 질에 애액이 나오게 하거나, 성관계시 전희를 함으로써 성적 자극을 주는 것이 좋다. 그렇게 했는데도 애액이 적어서 성교통이·있는 경우는 어떻게 할까.

젤을 발라주면 간단히 해결할 수 있다. 갱년기일 경우는 호르몬제를 복용하거나 호르몬 연고를 바르기도 한다. 최근 미국 FDA에서 인정한 'Eros-CTD'란 기계가 있다. 그것은 클리토리스 부위를 음압에 의해서 자극하는 것인데 원리는 클리토리스 부위, 나아가 외음부에 혈액순환이 되게 자극하는 것이다. 우리가 어디가 아프거나 막힌 곳이 있을 때 경락을 뜨는 것과 같은 원리다.

그런데 만약 어깨가 굳은 곳에 하는 경락을 클리토리스에 하면 클리토리스는 아마 아파서 죽거나, 망가질 것이다. 마치 코가 가렵다고 야구방망이로 코를 쑤시는 꼴이라고나 할까? 이 기계는 불감증 치료제로 인정받기도 했다. 아마도 애액이 나오고 질이 촉촉해지면 오르가슴에 오르기가 더 쉽기 때문인 것 같다.

명기가 되는 길이 쉽지는 않다. 미인이 되는 것이 쉽지 않은 것처럼. 타고난 사람도 있을 것이고, 노력해야 되는 사람도 있을 것으로 본다. 본인이 스스로 판단했을 때 나는 과연 명기를 가지고 있는가. 그것은 본인이나 파트너만이 알 것이다. 만약 자신이 없다면 전문가와 상의를 하면 얼마든지 명기가 될 수 있는 길이 있다고 확신한다.

현명하라! 당신의 섹스를

1994년 산부인과 전문의가 된 후 나는 수많은 환자들을 진료했다. 서울대에서는 산부인과 영역 중에서 호르몬을 연구하는 내분비학 전임의를 지내기도 했다. 그런 경험 탓인지 나는 은연 중 사람들을 호르몬의 관점에서 보는 습관이 생겼다. 내분비학 중에서도 처음에는 불임에 관심이 있었고, 다음에는 폐경의 프로세스와 메커니즘에 관심을 기울였으며, 지금은 불감증에 관해 집중적인 연구를 하고 있다.

사람의 심신이 호르몬에 의해 좌지우지 된다는 사실을 인정하기란 쉽지 않다. 사람의 몸이 하나의 기계적, 화학적 시스템이라는 사실에 저항감을 느끼기 때문이다. 물론 우리의 몸은 그 이상의 신비를 간직하고 있다. 그러나 호르몬의 작용은 우리가 생각하는 것보다 훨씬 더 크고 광범위하다. 섹스는 물론이고, 기분(mood), 기운(power), 욕구(desire)도 모두 호르몬의 작용과 무관하지 않다.

그렇게 성에 관한 것을 호르몬 관점에서, 부부의 관점에서, 가족의 관점에서, 사회의 관점에서 보기 시작한 지 5년이 되었다. 그동안 책을 읽고, 강의를 듣고, 환자를 보고, 수술을 하고, 교육을 직접 하면서 나는 인간 생활에 있어서의 성의 역할이 얼마나 결정적인 것인가를 깨닫게 되었다.

섹스라는 영역은 친구처럼 옆에 앉아 내게 말을 걸어왔고, 연구욕을 끊임없이 자극했다. 그때마다 나는 절실하게 습득한 지식과 경험을 다른 사람들에게 꼭 얘기해 주고 싶다는 욕구를 느꼈다. 이 책은 나의 그런 모색과 고민과 욕망의 결과물이다.

한권의 책을 준비하면서 나는 평소 스스로 궁금했던 것에 대해 더 깊은 수준의 해답을 찾아야 했다. 현상의 배후에 존재하는 원리와 작동 원리를 과학적인 방법을 통해 설명해야 했다. 여러 가지 책을 읽으면서 정리한 것도 있고, 상담을 하러 온 사람을 통해서 배우거나 느낀 것도 있다.

전 세계적으로 성(性)과학은 아직 미답의 경지가 무한하다. 특히 우리나라의 성과학은 아직 걸음마 단계에 불과하다. 나의 작업은 이런 질곡 아래에서 시도된 작은 성과에 불과하다. 우린 어려서 성에 대해서 참 무지하게 자랐고, 또 절제만을 강요받으며 자랐다. 그래서 성에 집착하지 않는 여자가 아름답고 더 성숙되고, 지적이라는 왜곡된 교육에 이의를 제기하지 않았다. 나 또한 그렇게 소위 정숙하고 '밝히지 않는 여자'로, 섹스에 대해 무지한 상태로 산부인과 의사가 됐다.

아마도 분만환자가 많아서 내가 노후 대책을 고민하지 않아도 되었다면 섹스에 대해 더 깊은 공부를 하지 않았을 것이다. 이제 분만하는 사람이 계속 줄어들고 있다. 산부인과 의사의 할 일이 과거보다 훨씬 줄어든 상태에서 나는 섹스라는 영역을 하나의 돌파구로 삼아 매진할 수 있는 계기를 얻었다. 거기에는 분만을 주관하는 산부인과 의사 고유 영역을 넘어서는 보람이 존재한다. 건강한 아이를 낳고 가는 사람들보다, 섹스의 문제가 해결된 사람들로부터 나는 더 깊고 절실한 감사의 말을 들었다.

인류 역사상 섹스가 중요하지 않았던 시절이 없었고, 사회가 혼란할수록 성은 문란해진다. 왜냐하면 마음이 불안하면 섹스에 탐닉하게 될 수 있기 때문이거나, 섹스를 도피처로 삼을 수 있기 때문이다.

부부 사이에 섹스가 싫으면 소 닭 보듯 살게 되고, 섹스가 좋은 사람과는 깨가 쏟아지게 살 수 있다. 당연히 어떤 사람에게 섹스는 무기다. 돈을 얻을 수 있는 수단, 권력을 얻을 수 있는 수단, 노후 대책의 수단으로도 작용한다. 섹스 자체의 기능도 다양하고, 섹스의 사회적 쓰임도 과거보다 훨씬 다양해졌다.

이젠 우리의 문화가 가식을 버리고 섹스에 대해서 좀 편안해 졌으면 한다. 그것은 커트라인 없는 방종, 프리섹스를 즐기자는 얘기가 아니다. 섹스가 삶의 일부로서 편하게 우리에게 다가와야 한다는 것이다. 우리의 신체적인 능력 중 섹스를 즐길 수 있는 부위를 발달시켜야 한다는 것이다. 헬스클럽만 갈게 아니라, 질 수축, 페니스 사정시간 조절 능력 등을 연습해야 한다는 것이다.

또한 자기를 위한 섹스에서 탈피해서 파트너를 행복하게 해 줄 수 있는 섹스도 하고, 또한 자신을 행복하게 할 수 있는 섹스를 하자는 얘기다. 당연히 여자는 오르가슴을 느끼는 섹스를 하고, 나아가 멀티오르가슴을 느끼는 수준으로까지 자신의 기능을 개발해야 한다. 남자는 사정 능력을 키우고, 발기력을 강화하고 페니스를 자기조절 아래에 놓을 줄 알아야 한다는 얘기다.

그러기 위해서는 생각을 바꿔야 한다. 섹스를 불편하게 생각하는 생각을 바꿔야 한다. 섹스는 내가 입는 옷처럼, 내가 사는 집처럼 편했으면 하는 것이 나의 희망이다. 이 책은 그런 생각을 하는 어떤 산부인과 의사의 경험과 생각을 직조한 글이다. 그간의 연구 성과를 참고하기도 했고, 내가 특별히 천착한 분야가 내게 가르쳐준 통찰도 있다. 나에게 상담하러 온 사람들의 속사정을 얘기하기도 했지만, 또한 그것은 우리들의 이불 속 이야기이기도 하다. 나에게 해당되는 것도 없다고는 할 수 없다.

인터넷을 통해 엄청난 정보의 홍수 속에 살면서도 우리는 정작 성에 대해서 이중 잣대를 가지고 혼란스러워 한다. 정보는 많지만 진정한 의미의 지식과 통찰이 부족하다. 생각과 현실 사이에서 죄책감도 갖고, 호기심을 충족하기 위해 갖가지 시도와 실험을 해 보기도 한다. 그러나 성에 대한 혼란과 무지는 조금도 줄어들지 않고 있다.

자신이 즐기는 성행위의 특별한 취향과 습관이 정상인지 아닌지를 고민하는 사람도 많다. 그러나 성은 정상도 비정상도 없는, 두 사람이 하는 운동 같은 것이다. 스스로 둘 사이의 룰을 만들고, 둘이 행복하면 되는 경기다. 하지만 우린 서로 대화 없이, 파트너가 행복한지, 행복하지 않은지 묻지를 않거나, 묻지를 못한다. 그래서 갈등과 불만이 눈덩이처럼 불어나도 서로 짐짓 모른 체 살아간다. 이제는 성에 대해서 대화해야 한다. 그것이 가장 중요한 해결책이다. 그러고 나서 호기심과 관심을 가지고, 재미와 행복을 찾아야 한다. 상대에 대한 배려와 사랑으로 맛있고 재미있는 섹스를 해야 한다.

여자는 오르가슴을 느끼게 해주는 남성을 위해 목숨을 바치고 싶다. 남자는 진정으로 자기를 받아들여 주며 자신으로 인해 절정의 기쁨을 느끼는 여자를 위해 목숨을 바치고 싶어 한다. 이것이 인간 생존의 실상이다. 누구라도 이런 결론을 과장이라 매도할 수는 없을 것이란 확신이 내게는 있다. 섹스를 바꾸면, 섹스에 임할 때의 생각과 행동을 혁명하면 인생은 달라진다. 나의 첫번째 섹스 레슨의 테마가 바로 이것이다. 혁명하라! 당신의 섹스를.